★ ★ ★ ★ ★ 女孩全书

女孩秘密全书

[英] 吉玛·盖恩斯 著
陈芳芳 译

NÜHAI
MIMI QUANSHU

GUANGXI NORMAL UNIVERSITY PRESS
广西师范大学出版社
·桂林·

出版统筹：施东毅
品牌总监：耿　磊
选题策划：陈显英
责任编辑：李茂军
助理编辑：刘丹亭　王芝楠
美术编辑：卜翠红
营销编辑：杜文心　钟小文
版权联络：郭晓晨
责任技编：李春林
THE GIRLS' BOOK OF SECRETS: SHHH... DON'T TELL!
By GEMMA REECE

著作权合同登记号桂图登字：20-2016-223 号

图书在版编目（CIP）数据

女孩秘密全书 /（英）吉玛·盖恩斯著；陈芳芳译．—2 版．—桂林：广西师范大学出版社，2017.10（2018.11 重印）
（女孩全书）
书名原文：THE GIRLS' BOOK OF SECRETS :Shhh. Don't Tell!
ISBN 978-7-5598-0234-7

Ⅰ．①女…　Ⅱ．①吉…②陈…　Ⅲ．①女性－生活－知识－少儿读物　Ⅳ．①Z228.4

中国版本图书馆 CIP 数据核字（2017）第 216260 号

广西师范大学出版社出版发行
（广西桂林市五里店路 9 号　邮政编码：541004
网址：http://www.bbtpress.com）
出版人：张艺兵
全国新华书店经销
保定市中画美凯印刷有限公司印刷
（河北省保定市西三环 1566 号　邮政编码：071000）
开本：880 mm × 1 240 mm　1/32
印张：3.75　　　字数：76 千字
2017 年 10 月第 2 版　　2018 年 11 月第 3 次印刷
定价：25.00 元

读者须知

因书中信息或说明造成的事故、伤害及损失，经法律许可，本书作者及出版商概不负责。要格外当心剪刀、针、厨具、温度高的液体，在使用工具或器皿之前，应先获得在场成年人的许可。注意书中列出的材料，清楚自己对哪些东西过敏及自己的体质状况。

听从家长的安全警告和建议。穿戴安全配置，遵守当地法律和法规，考虑其他人的感受。最重要的是要有常识，尤其在使用高温或尖锐的物品时更要注意。

CONTENTS

目 录

如何保守秘密

保守秘密很重要，越是擅长保守秘密，越会赢得朋友的信任，朋友也越愿意同你分享。如果你总是“大嘴巴”，不用多久，你就会发现，朋友不再向你吐露秘密了。严格保守秘密，就要做到以下几点：

朋友的秘密不能对他人说

要明白保守的秘密的重要性，为什么不能对他人说。想一想，如果秘密是经你之口，弄得整个学校人尽皆知，朋友那么信任你，他会有什么感觉？换位思考一下，如果大家知道了你的秘密，你会作何感受？

日记的危险性

将秘密写下来有助于抑制想要告诉他人的冲动。不过，如果把秘密写在日记里，一定要把日记本妥善收藏好，以便逃过一双双充满好奇的“眼睛”哦。

我知道，但你不知道

一定不要说“我知道，但我不能告诉你”，否则，朋友是会挖空心思从你口中套出秘密的。如果你掉入陷阱，那就赶紧转移话题吧，但愿你的朋友已经懒得追问了。

泄露秘密，深感内疚

你有没有泄露秘密之后深感内疚的经历？一旦多嘴，将秘密泄露，就没办法挽回了，肯定会给别人造成伤害。下一次再有冲动说出秘密时，想一想那种心里七上八下的感觉有多折磨人，怎么样，嘴巴是不是很神奇地闭上了？

谨防敌人

俗语说，“嘴巴不牢，大船沉掉（也就是‘言多必失’）”，这句话最初是为了警告人们在作战时不要走漏风声，以免被敌军听到。下次忍不住说漏嘴的时候，就把这句话在心中默念3遍，省得再泄密。

不告诉任何人

保密就意味着不告诉任何人，包括妈妈、姐妹以及闺蜜。如果你感觉自己难以保守某个天大的秘密，那就跟小猫、小狗说说吧，记住，一定要小声！

如何制作设计感十足的日记本

记录秘密的日记本一定要非常精美，你会小心翼翼地取出，认真记录。按照下面的步骤，做一个设计感十足的日记本，记录下自己的秘密吧。

你需要用到以下物品：

- 一本螺旋装订的活页日记本（不超过 A5 纸大小）。
- 胶水、软纸或泡沫纸一张、报纸。
- 一块布料（颜色是自己最喜欢的，布料一定不要透明）、两根缎带（每根大约 50 厘米长）。
- 尺子、剪刀。
- 若干小饰品（例如金属片、珠子、纽扣、金色和银色的小星星等）。

1 用尺子量出日记本封面的长和宽。按照这个尺寸，剪出两张大小相同的卡片。

2 将胶水涂抹在卡片上，然后将卡片粘在软纸或泡沫纸上，沿着卡片的边缘将多余的软纸或泡沫纸剪掉。两张卡片都是同样的步骤。

3 在布料上剪出两块四方形，每一块的长和宽都要比卡片多出5厘米左右。

4 在工作台上铺好报纸，以免胶水粘在工作台上。在其中一块裁剪好的布料上涂满胶水，然后将卡片放在布料中心，有软衬的一面对着布料，使劲儿按一按，让其紧紧粘在一起。另一块布料重复同样的步骤。

5 如左图所示，将每张卡片四个角的布料对角裁剪，然后将布料折叠在有软衬的一面，多涂些胶水，将边角粘牢。

6 在笔记本的封面上涂满胶水，将其中一根缎带横着贴在上面，边缘留出足够的长度，合上日记本之后，留出的缎带要能系起来。

7 将一张卡片覆盖在缎带上面，紧紧贴住笔记本的封面，使劲儿按压。封底也是同样的步骤，粘上缎带和卡片。

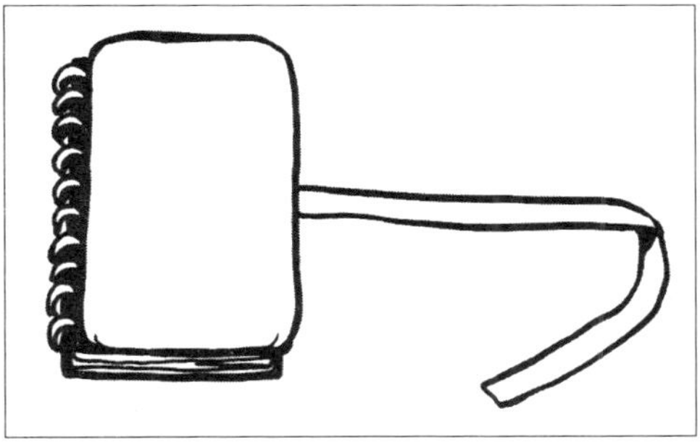

8 将日记本晾一夜，让胶水干透。

9 胶水干透后，用金色和银色的星星、金属片、小珠子在日记本的封面与封底摆放出图案。感觉图案很满意时，用胶水将小饰品一一固定。

10 将两根缎带系成漂亮的蝴蝶结，以免日记本被翻开。最后，在日记本的边缘将 6 颗纽扣摆成一排，钉好。在布料上钉纽扣不仅美观，还可以用来设定密码，以免有人翻看你的日记本（往下看，还可以学着做一个颜色密码锁）。

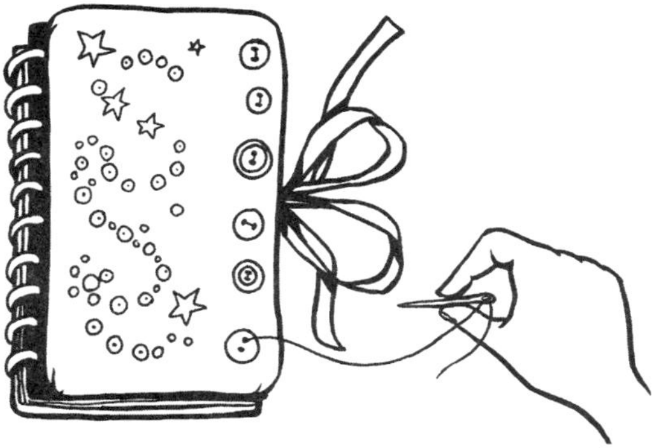

颜色密码锁

给日记本装一把挂锁，可以防止他人翻看你的日记，不过，要是密码被他人盗取了可怎么办？只要有了密码，在你毫不知情的时候，秘密就会统统落入他人眼底哦。

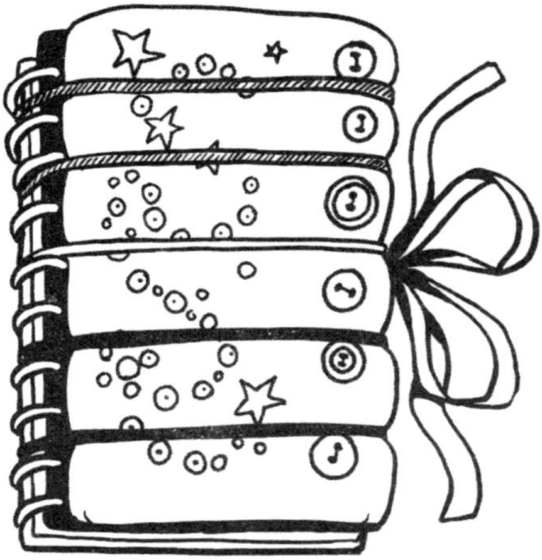

有一个办法可以有效地保护日记本中的隐私，那就是做一个颜色密码锁。方法如下：

1 找5根较粗的橡皮筋，长一些的辫绳也可以。每两根一个颜色，剩余的一根一个颜色，一共3种颜色。

2 将橡皮筋仔细捆在日记本上，每根橡皮筋都捆在钉好的纽扣之间，按照一定顺序捆扎，这个顺序只有你自己知道。比如，你可以尝试下面这个顺序：顶部两条绿色橡皮筋、中间一条黄色橡皮筋、底下两条蓝色橡皮筋。

如果下次拿出日记本时橡皮筋的顺序不对，那你立刻就会明白，有人偷偷看了你的日记！

如何通过握手传递秘密信号

偶遇朋友，上前打招呼的方式可以很酷，比如用只有你们俩才明白的秘密方式握手。下面的几种方式都可以尝试，掌握之后，也可以创造属于自己的绝密握手方式。

好闺蜜

滑来滑去

近来怎样

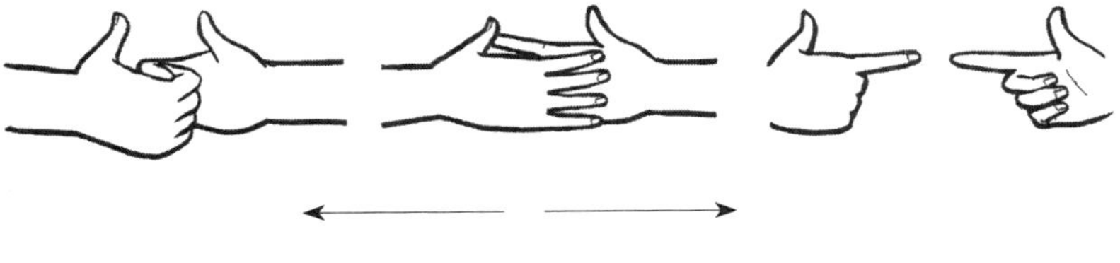

如何保持自信

自信的女孩儿并非生来就充满自信，只不过是她们找到了相信自己能行的关键而已。下面就是让你充满自信的5条小秘诀。

秘诀1：敢于不同。不要害怕与他人不同。选择自己感觉舒适的衣服，你就会从人群中脱颖而出。自信的女孩当然知道，不走寻常路才是学校的生存法则！

秘诀2：高高抬起头。千万不要懒懒散散的，相反，走路时一定要挺胸，抬头，充满骄傲感，这样大家才会注意你。和大家对视，就像自信的天后一样，随时准备大显身手。

秘诀3：寻找真正的朋友。寻找真正懂你、喜欢你的朋友。如果朋友相信你，你也会相信自己的！

秘诀4：真实。如果脱离真实的自己，处处假装，就很难保持自信。任何时候都要讲真话，并且相信，做真正的自己就很好。

秘诀5：微笑。即使感觉不想笑，也要微笑，这样的话，自信分分钟就会流露出来。

如何拥有裸妆效果

如果知道不化妆就可以变漂亮的秘诀，那谁还需要化妆呀？学校一般不允许化妆，那就试试下面这些变漂亮的秘密小贴士。

完美的嘟嘟嘴。要想拥有性感的嘴唇，一定要用牙刷轻轻将嘴唇上的死皮刷掉，然后涂上一层润唇膏。

漂亮的眉形。眉形整齐，脸形才会有立体感。用牙刷将眉毛往上梳理，然后稍微蘸点凡士林，轻轻涂在眉毛上，保持眉形整齐。

眼睛明亮有神。眼睛很累？把两只金属质地的茶匙放到冰箱里冻半个小时，然后拿出来，一边眼睛扣一个。冰冷感会让眼睛周围的皮肤紧致，看上去自然就明亮又有神了。

脸蛋红扑扑。用食指和拇指轻捏苹果肌，持续捏几次，打造红扑扑的效果。

如何写秘密日记

写秘密日记可以将内心最深处的想法和心愿一一记录下来，可是，翻开日记本，看着面前的白纸，你突然发现文思枯竭，怎么办？看看下面的小提示，顺利开始自己的秘密日记之旅吧。

陷入日记困境。要想清楚你准备在日记中记录什么，如果只是“流水账”，那就将每天发生的事情加上自己的感想写下来。

罗列出来。也可以在日记中做不同的罗列，比如闺蜜、新年计划、你喜欢（或不喜欢）的男生、喜欢的乐队或讨厌的乐队等。几年之后再翻看，会很有趣，到那时你就会发现自己的品位有多大变化了。

设定目标。如果日记本上有全年日程的设计，可以在未来的某一天写一句话，例如：“你到朋友家过夜的事情问妈妈了吗？”“你学会弹吉他了吗？”然后在每个问题旁边画一个小方框，等到这一天的时候，如果预先设定的目标完成了，就在方框里打勾。如果没有，重新把它列为以后的目标。

给每一天打分。买一些贴纸，小的金色星星或银色星星就可以。用这些小贴纸给每一天打分。比如说，美好的周六，你去滑雪了，而且还吃了美味的巧克力奶昔，那就五颗星；下雨的周三，地理作业一大堆，肯定一颗星也没有了。

如何应付想家的时候

远离家乡，想到这一点，你是否有蒙头痛哭的冲动？远离朋友、父母，远离家中温馨的床，该怎么办？看看下面的小贴士，或许你就知道该怎么应付了。

家的感觉

假期离家之前，选一些家人或朋友的照片，装进行李箱。到达目的地后，把照片摆在床边，如果晚上特别想念他们，只要翻个身，就能看到一张张熟悉的脸正朝你微笑。

记住，想家人的时候，打个电话、写封信或发封电子邮件都是很方便的。每天在固定的时间和父母联系不是很好吗？就算白天的时间不确定，晚上也可以坚持在固定的时间和他们联系。

抛开抑郁的心情

内心装满积极的想法。不要这么想：要是我在家，我就可以蜷缩在沙发上，和妹妹一起看电影了。相反，你应该告诉自己：什么时候我都可以看电影啊。今天我要尝试一些新鲜刺激的事情。

提醒自己，你只是暂时离开家，只要回去，卧室、房子、家人都依然如故。既然是假期，和平日不同，那就充分利用，好好计划一番。保持积极心态，在日记中写下你的新经历。每天至少列出 3 件有趣的事情。不能放下家的舒适，就别想体味冒险的快乐。一旦回家，妈妈可又要唠叨着让你收拾房间了，或许到时候你又巴不得出来。

提前计划

心情抑郁的时候，很可能只是你对假期感觉失望而已。或许对这次外出期待了很久很久，可是，真正出来了，你发现根本没有想象中那么有趣。于是你就把失望和想家混为一谈了。果真如此，那就赶紧计划一些趣事吧。改变对假期的感受，只有这样你才能真正享受其中的快乐，这一点很重要。

分担痛苦

如果真的想念家人，那也别闷在心里。找个可以信赖的人倾诉一下，或许他会说，自己也经常想家呢。

如何知道是否有人进了你的房间

卧室是存放秘密日记的个人私密空间。可是，如果有人趁你不在的时候，偷偷摸摸进去了，你怎么才能知道呢？学学下面的小技巧，你就能发现偷偷摸摸的爱管闲事者留下了哪些蛛丝马迹，有些小技巧连真正的密探也会使用哦。

纸张痕迹

在书桌上放一些纸，然后在上面写下“绝密”字样。用尺子量好每张纸之间的相对位置，记录下测量的数据。离开卧室几个小时，回来后，再测量一下每张纸的相对位置，如果有变，你就可以判断有人在未经你允许的情况下擅自翻动这些纸张了。

粉末留痕

在卧室门口的地毯上撒一些滑石粉。轻轻撒一层就行，否则，你的这些侦探技术就会使父母起疑心了。回来后，看看地板。如果有人进来过，你就会发现地毯上的滑石粉有被踩踏的痕迹。

平衡法

裁一张小纸条，大约 1 厘米宽、2 厘米长。打开卧室的门，小心爬到椅子上，然后将小纸条放在门边上（从椅子上下来的时候要小心，不要把纸条碰掉了）。如果有人趁你不在的时候进来了，等你回来时，就会发现纸条已经掉在地上了。

动作检测器

裁一些又细又长的小纸条，越细越好，否则容易被偷偷进入卧室的人发现。把每张纸条的一端小心塞在衣橱的抽屉之间，然后轻轻合上抽屉，纸条的一端垂下来即可。

如果你不在的时候抽屉被开过，开抽屉的动作就会使纸条落在地上或掉进抽屉里，因此你就知道，有人未经许可，偷偷溜进来了。

如何制作颜色暗语表

用颜色做暗语可以将秘密信息传递给朋友。下面就是一些颜色代表的含义。

	传统意义	颜色暗语
红色	红色代表极端情绪，或爱或恨。	如果你想让友谊天长地久，就送对方一份红色的礼物吧。戴红色发带表明你生某人的气，戴红色手镯则表示你有新的暗恋对象。
蓝色	蓝色代表和平与宁静。	如果她的陪伴让你感觉很放松，就送对方一份蓝色的礼物吧。上半身穿蓝色（围巾、T恤或羊绒衫），代表“我很抱歉”。下半身穿蓝色（紧身裤、短裙、裤子或鞋子），代表“我原谅你了”。
黄色	黄色让人精神振奋。	如果你和她在一起很开心，总是咯咯笑个不停，那就送给她一份黄色的礼物吧。小组或者俱乐部开会、组织派对或旅行时，大家都应该穿黄色衣服，表示都属于某一集体。

有些颜色有一些传统意义，而且与一定的情感有关。不过，你可以赋予颜色一些只有你和朋友才理解的新含义。

绿色	绿色会带来好运。	送对方绿色礼物，就是在说，“很幸运有你这样的朋友”。将绿色衣服藏在里面可以带来好运，比如 T 恤下面穿绿色背心，穿绿色袜子，等等。
白色	白色代表成功或胜利，也代表有秘密。	如果你充分信任对方，就送一份白色礼物给她吧。包包或手腕上系白色缎带表示你有秘密。大型比赛的当天穿白色 T 恤，会给你们队带来好运，夺得头筹。
粉色	粉色代表美丽、奢华。	如果你觉得对方秀外慧中，那就送给她一份粉色礼物吧。扎两条发辫，用粉色辫绳系好，说明你特别想让好朋友到你家里来，把她打扮得美美的。

如何制作签语饼

签语饼是一种甜饼干，在中餐厅就餐时，最后往往会提供这道甜品。饼干中有一张小纸条，上面是关于未来的一个秘密。按照下面的方式，给好朋友做一份含有自己私密信息的签语饼吧。

你需要用到以下物品：

- 一张白纸、剪刀、铅笔或钢笔。
- 两只烤盘、一只汤匙、一只茶匙、一只搅拌器。
- 50 克砂糖、半茶匙盐、黄色的食物着色剂、防油纸。
- 搅拌碗、抹刀、杯子、网架、滤网。

写下自己的秘密

想一想你希望在签语饼中写什么，可以是对朋友未来的预言，例如“下个月你会找到自己一直苦苦寻觅的人或物”，或者让朋友们每人透露一个小秘密也可以，例如“我暗恋罗伯特”或“我想成为圣诞演出的明星”等。把这些信息写在长 5 厘米、宽 2 厘米的小纸条上，纸条大小不要超过这个尺寸。

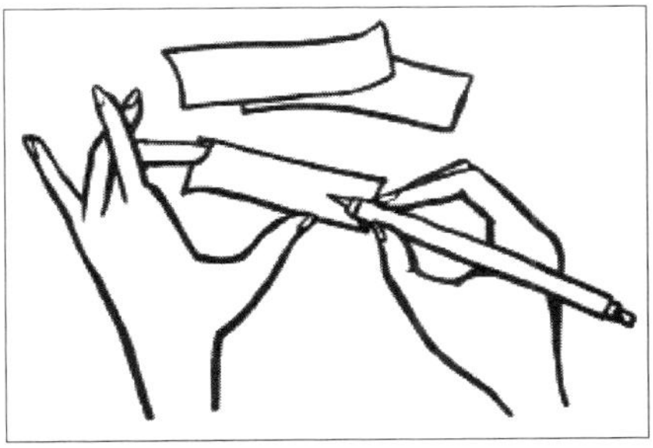

如何制作饼干糊糊

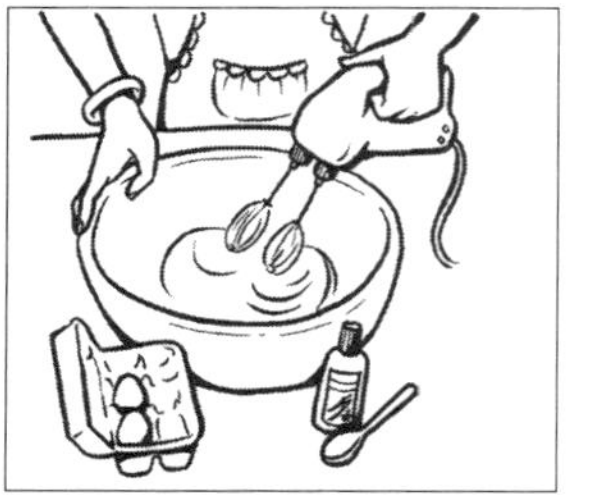

1 烤箱预热，温度调至 150 摄氏度(即300华氏度，刻度调至2)。

2 在碗中把蛋清和香草香精充分搅拌，直到混合物变轻，能打出泡沫为止。

3 将面粉筛入碗中，同时加入糖和盐，充分搅拌至均匀。可加入几滴黄色食品着色剂，让曲奇更加特别——黄色也代表你和朋友在一起非常开心（不同的颜色暗语，请参考“如何制作颜色暗语表”）。

4 将防油纸铺在烤盘上，然后用汤匙舀两勺搅拌好的糊糊放在防油纸上，中间间隔 10 厘米。用汤匙背部按压糊糊，将其压平，做成直径 7 厘米左右的圆形曲奇模样。

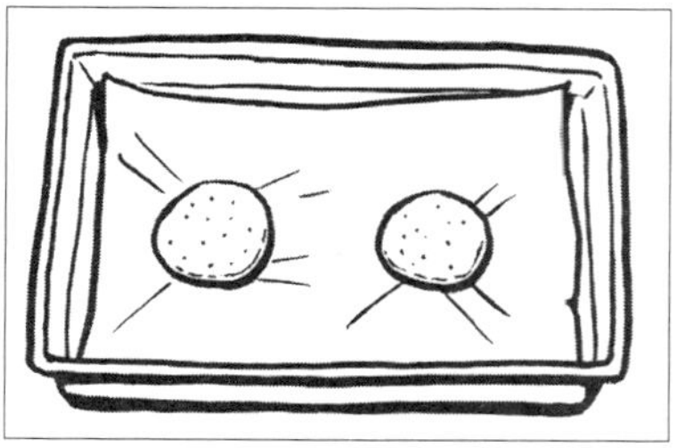

5 将曲奇放入烤箱，烤 5 分钟，或烤至金黄。使用烤箱的时候务必戴烤箱手套，并且有家长在一旁帮忙。

6 第一锅曲奇放入烤箱后，开始用另一只烤盘制作第二锅。烤签语饼的时候一般都要这么交错时间进行，以便在其冷却之前做出最终的形状。

7 第一锅曲奇出炉。用抹刀将曲奇饼活动一下，翻面。

8 将“签语”纸放到曲奇中心，然后对折曲奇饼。

9 将对折的曲奇饼沿着杯沿折叠，力度要轻，如右图所示，让曲奇轻轻隆起。做这一步时动作要快，要在曲奇冷却之前完成塑形。

注意：给曲奇做形状的时候，曲奇饼还很热，要小心自己的手指！

10 第二锅曲奇出炉，以同样的步骤加入“签语”纸，塑形。剩余的糊糊按照上述步骤继续制作。

11 把漂亮的曲奇放在网架上。待充分冷却后，分给朋友，看看他们都能得到什么祝愿以及对他们的未来有哪些预言吧。

如何让友谊坚不可摧

真正的朋友很难寻找，因此，对朋友要用心，这样友谊才能天长地久。下面就是关于友谊的重要秘密，认真看看吧。

- 分享一切。衣服、希望和梦想、新朋友或爱好，或者只是休息时的薯片，都要学会分享。是好朋友，就要学会说，“我的就是你的”。
- 朋友和你品位不同，不要对她评头论足。彼此有很多共同点当然不错，但是，略有不同也很棒啊。要充分利用彼此的不同，从对方身上学习新事物。如果你对朋友的爱好显出兴趣，她对你的爱好也会上心。
- 如果朋友特别信任你，把很多私密的事情都告诉你了，那你一定要认真倾听。要设身处地地想一想她的境况。这样你才能感同身受，提出中肯建议。

- 找个时间告诉朋友，她对你来说有多重要。或许她根本不知道自己有多特别。如果你知道她情绪低落，那就好好夸赞她一番，把她当成公主疼一疼吧。
- 千万不要忘了好朋友的生日，在日记本上做个特别的标记，提醒自己好朋友的生日。打印出她的照片，然后贴在卡片上，做一张特别的生日卡给她。从杂志上选取她偶像的照片和她的照片拼在一起也不错，这样还多了些明星范儿。如果真的想让她感动，那就用她最爱吃的甜品亲手给她做生日蛋糕吧，放心好了，接下来的几周她都会把你挂在嘴边夸个不停。
- 千万不要只同甘，不共苦，也就是说，朋友快乐时，你会分享，朋友困难时，你却不见了踪影。如果是好朋友，就应该同甘共苦。
- 千万不要向对方撒谎。撒谎会毁掉彼此之间的信任和友谊。如果你始终诚实可靠，即使说了不中听的话，朋友也会尊重你的想法，原谅你。

如何将日记本藏起来

学学下面的小心机，看看哪些可以做，哪些不可以做，这样你的日记本就会安安全全，万无一失哦。

做个“诱饵”——一本假日记会转移他人的注意力，你的真日记也就安全了。在一本颜色鲜艳的书上写下大大的“日记”二字，然后在书里面胡乱写一些容易让人相信的“假”信息。如果偷窥者信以为真，他就上当了。

想要写日记的时候，一定要用另一本书挡在日记本外面作掩护。如果有人问你在干吗，就假装说在做家庭作业。

如果不准备写日记，藏日记本的地方就不要随意变动。不要放在包里四处带。如果有人发现了，那你的秘密就露馅了。

不要把日记本藏在枕头下，这个地方太明显了。找一件不穿的旧大衣，将日记本塞进大衣口袋，然后把大衣挂在衣橱最里面。放心吧，没有人会想起来往那儿看。

如何来一场跟踪游戏

密探都要训练一门技术——神不知鬼不觉地跟踪目标。如果想知道自己是否具备密探素质，可以和朋友一起玩跟踪游戏，看看自己是否能悄悄跟踪对方，不被发现。

具体玩法

1 和 5 个朋友一起去购物。让大家戴手表，并带上笔记本和钢笔。

2 分成两组，每组 3 人。两个人扮演“跟踪目标”（其中一个是目标甲，另一个是目标乙）。剩下的一个人就是密探了。

3 时间要调整一致。也就是说，大家的手表显示的时间要一样，然后设定，30 分钟后再次集合。在这段时间中，目标一定要在商场一起行动，密探必须跟踪她们，而且不能被发现。目标可以自由自在地从一个商店逛到另一个商店，她们不必一直待在一起，不过要保持在同一家商店。

跟踪分数

如果密探在30分钟的时间内一直跟踪两个目标，而没有被发现，就可以得1分。如果密探在笔记本中成功记下了目标甲和目标乙的具体行动，就可以额外得分。举个例子，做如下记录就可以额外得分。

星期六

早晨10点：目标离开了甜品店，朝休息凳走去。她们坐了下来，从纸袋里拿出甜品吃。

早晨10点10分：目标站起身，去了香水店。她们试了两款不同的香水。

早晨10点16分：目标离开香水店，去了二手商店，然后进了更衣室。

早晨10点27分：目标走出了更衣室。目标甲买了一件海军蓝的羊毛套头衫，目标乙买了一只黄色的小手包。她们离开了商店，去了集合点。

游戏重复进行，每个人都扮演密探，得分最多的密探最后胜出。

成功跟踪的小窍门

如果你总是被跟踪目标发现，就要好好研究一下密探应该掌握的策略了：

- 游戏一开始，就要在商场内找到可以藏身的地方，这个地方和目标之间要有一定的安全距离，比如在展示橱窗或帘布后面。如果目标突然停下，回头看，你要离她们足够远，这样才能不被发现。
- 带一件长外套。如果她们的确发现了你，迅速披上长外套，以免她们很快将你辨认出来。要想了解更多更快伪装的方法，参考“怎样迅速伪装自己”那部分内容。
- 在走廊行走时要避免因为脚步声而暴露行踪，要尽可能选择柔软的鞋底，比如运动鞋，走路时踮着脚，要尽可能没有动静。这些都可以避免被目标发现。
- 口袋里装一块化妆镜。目标在你身后的时候，假装拿出镜子给脸补妆，角度调整好，从镜子里偷偷观察目标。如果她们离开了商店，你在镜子中就可以看到。
- 带一些道具，比如雨伞、报纸等，如果目标看过来，可以用这些道具挡住脸。
- 戴深色的太阳镜，避免任何和目标对视的可能性。即使目标看到你的眼睛了，也要迅速转移视线，假装在看其他东西，比如橱窗中的展览物、挂衣杆上的连衣裙等。

如何做到彬彬有礼

礼貌的女生都知道怎样才能成为举止得体的客人。无论去哪儿，下面这些礼貌典范都会让你给他人留下好印象。

将感谢写下来。如果有人送礼物给你，一定要记得写感谢卡或感谢信。详细写出你会怎么使用对方赠送的礼物，礼物对你多么有用，让感谢更为具体。比如："感谢你送我颜料盒。我都等不及了，想立刻去度假，用它作画。"

感谢他人的热情好客。如果你去朋友家喝茶或留宿，结束后千万不要悄悄地离开。一定要感谢对方父母的热情招待。

不要制造噪声污染。如果在图书馆或电影院，记得将手机调成静音模式，MP3 播放器的音量也要调小。如果你和小伙伴在哈哈大笑，有人让你稍微小点儿声，你一定要客客气气，恭敬有礼。

餐桌礼仪铭记在心。满口食物的时候不要说话，不要粗鲁地越过别人的餐盘去取东西。一定记得感谢厨师为大家做了美味的餐食。

如何制作一个秘密的图书保险箱

你需要一个绝对隐蔽的地方藏日记本吗？试试下面的做法，很经典哦。好了，开始秘密行动吧……

你需要用到以下物品：

• 一本精装版的书，要比你的日记本略大、略厚（到当地的二手商店找找，最好找一本看上去特别旧的）。

• 一张卡片、剪刀。

1 在卡片上画一个长方形，比精装版的书页长宽各小 2 厘米。裁下来制作模板。

2 打开书，将靠前面的几页对折，做法如右图所示。将模板放在折叠好的书页上，然后沿着边缘画线。

3 按照画的线裁剪折叠好的书页。

4 重复步骤 2 和步骤 3，直到书中所剩书页不多为止。然后将日记本塞到剪好的洞里，合上书。

5 最后，将这本“假书”放在书架上，和其他书摆在一起，谁也不会想到这本书里面会暗藏玄机哦。

如何才能把新年计划进行到底

新的一年开始了，决心改掉坏习惯、学习新技能自然很好，可是，如果你的美好想法眼看着就要半途而废，怎么办？看看下面的小贴士，你就知道怎样才能把新年计划进行到底了。

计划不要太多。一下列出 10 条新年计划可不行。确定两三条自己真正想要实现的，然后坚持到底。

怎么坚持？从下面现成的新年计划中挑选两条，然后坚持去做，告诉自己，不坚持可就没命了！

新年计划

- 花更多的时间陪妈妈。
- 和兄弟姐妹少些争吵。
- 每天吃 5 片水果。
- 按时做家庭作业。
- 少看电视。
- 学跳萨尔萨舞。
- 多读书。
- 骑车去上学。

切合实际。如果你不弹吉他，那就不要扬言年底会成为乐队的吉他手。把新年计划拆分成更小的目标，比如先计划存钱给自己买一把吉他。

要积极。想改掉的坏习惯，不要以消极的方式写下来。例如，把“我再也不咬指甲了”改成“我要好好保护指甲，涂很多漂亮的指甲油”。

替他人着想。研究表明，如果你的计划会帮到他人，让他人受益，你就更容易坚持下去。比如，承诺花更多的时间陪妈妈，不仅有利于增进你和妈妈的关系，妈妈也是会很受用的。

获得朋友的支持。你是不是特别想把零花钱存下来？干吗非要计划着放学回家的路上再也不买糖吃了？干吗不试试把每个月的最后一个周五定为“烘烤日”？将你和朋友的零花钱凑到一起，买些蛋糕粉，一起制作美味的蛋糕吧。

在日程表上记下每一点进步。如果每周都坚持按照计划去做，就在日程表上贴一颗星星或画一个笑脸，你会备受鼓舞、继续坚持。

如何传递秘密信息

你有秘密想要告诉朋友，但又怕被别人发现。按照下面的方法去做，你和朋友就可以将秘密保护好，不会被他人发现了。

不起眼的文章

秘密书写。读报纸上的某篇文章，然后找一支笔尖很细的钢笔，在你需要的字母下面点针孔大小的点，这些字母按照顺序组合，就是你要传递的秘密信息。然后将报纸递给朋友，告诉她某一页（此处写下具体的页码即可）有篇文章很有趣。她只要按照顺序将下方有记号的字母写下来，就知道你要告诉她什么了。

将秘密贴进去。告诉朋友你想借给她一本书，你知道她一定喜欢。在把书给她之前，将秘密信息写在便利贴上，夹在书的中间，等她翻到那一页的时候，就会发现里面的秘密信息了。

秘密情报投放处

相框。下次需要告诉朋友秘密信息的时候，只要照一张你们俩的合影，然后卡在相框里就行了。照片要稍微能够晃动，将秘密信息藏在照片之后，把相框交给朋友。以后需要藏秘密信息时，可以继续使用相框，你的朋友只要发现相框里的照片可以晃动，就明白有新信息了。

丝带互动。就算和朋友不在一个房间，也可以传递秘密信息哦。告诉朋友，含有秘密信息的信就在公园里的红色丝带附近，是专门写给她的。

趁没人的时候，把信埋在秋千的后面，然后在秋千架子上系一条红色丝带，朋友看到的话，就知道自己找对地方了。把信埋好后，回家给朋友发短信，告诉她可以去找你们的秘密信件了。

注意：不管去哪儿，都要告诉家长，天黑后不要一个人去公园。

如何成立秘密社团

成立秘密社团可以组织很多精彩的冒险活动，下面就是成立秘密社团的方法，不过要注意，大家肯定会特别踊跃哦。

邀请大家参与

只邀请你最信任的朋友加入社团，也就是善于保守秘密的那些人。

要发邀请，上面详细写出你们第一次集合的时间和地点。要确保信息绝对安全，可以在每张邀请函上用隐形字迹(具体参考“隐形字怎么写”)写。

邀请函上尽可能少透露信息。给自己和其他成员起代码名字，身份要保密。

> • 请您出席下午 4 点半在我家召开的绝密会议，请确保无人跟踪。
>
> • 给俱乐部起名，想好一个名字，不用写下来。
>
> • 今天下午 6 点钟暗号会通过短信发给你，到我家时请说暗号。
>
> 粉红小姐

选择一个秘密暗号

你需要选择一个秘密暗号，社团成员进入社团时要说出暗号才行。暗号要选择不太常用的词，比如“袋熊”“棒棒糖”等。在邀请上写明通知大家暗号的时间。按照预先说好的时间，给大家发短信，短信中只有暗号。

第一次开会

开会当天，在门口放一个便签本和一支铅笔，每个成员到门口时，请她在一张纸上写出秘密暗号，然后从信箱里投进来。如果暗号对了，就让她进来。如果她不知道暗号，就不要给她开门。

第一次开会时，要选出你们社团的负责人，也就是以后负责组织大家开会并确保每个人都有机会发言的那个人。还得选出书写最漂亮的人，由她来做会议记录，记每次开会时的要点。

选名字游戏

大家到齐后，让每个人说出自己认为俱乐部应该叫什么名字，然后投票，票数最多的名字胜出。可以试着多想几个名字，让好点子多多涌现。比如“秘密姐妹团”“少女特种队”等都不错。

徽标设计

如果俱乐部十分正式，就得建立自己的秘密身份。设计一个徽标，也就是能够代表俱乐部精神的简单图案。将徽标画在和俱乐部相关的信息上，比如下次发秘密信息通知大家开会的时候就可以使用。

俱乐部规定

俱乐部的规定是为了保证大家都能保密。每个成员都要大声读出俱乐部的规定，发誓遵守这些规定。对于成员来说，遵守以下规定很重要：

- 俱乐部成员不在场，或者听不到你说话时，不要讨论和俱乐部相关的事情。
- 提到其他成员时，只用代码称呼。
- 前去开会时，一定要确保没有被他人跟踪。
- 安全第一——如果某项秘密任务会让你或他人陷入危险，千万不要去做。

如何做到自然美

想要保持最佳状态，秘诀就是舒舒服服做自己。也就是说，千万不要想方设法地模仿他人，让你的自然美由内而外流露出来。读一读下面的小贴士，看看怎样才能绽放自然美，做最好的自己吧，不用多久，朋友们就会疑惑——你的秘诀到底是什么呢?

顺其自然

- 如果皮肤白皙，就别费尽力气晒太阳，追求小麦色。好好享受白皙，每天涂抹防晒霜，保护娇弱的皮肤吧。如果肤色较深，也很幸运，挑选活力四射的明亮服装，好好炫一炫吧。
- 如果天生卷发，那就不要惦记直发棒，做个傲娇的卷发公主就很好。如果头发天生直顺，不妨试试时髦的发夹，将头发往后梳，绑个活力四射的马尾吧。
- 不要在皮肤上涂抹太多的化妆品。要让皮肤自由呼吸，将自然美展示给大家，看看“怎样拥有裸妆效果”那部分，学会不用化妆也可以变漂亮的秘诀。

多多锻炼，做个活力女生

锻炼之后不仅状态很好，自我感觉也超棒。打开最爱的音乐，疯狂地跳上 15 分钟吧。每天一次，真的会获益匪浅哦，皮

肤会更有光泽，精力也会更充沛。或者和朋友一起到公园或花园，做做健步走。用小石子或小树枝将草地分成三块场地，每一块可进行一种活动。比如，其中第一块用于跳星星，第二块用于跳绳，第三块用于原地慢跑。每块场地轮流活动 5 分钟，选择相关的活动内容。5 分钟后，换到下一块场地。

美容觉

每个女孩都离不开美容觉，这样状态才会最好。深度睡眠时，身体会悄悄地努力修护皮肤的细胞，等第二天醒来后，皮肤就会很有光泽、很柔嫩了。每晚要睡 8 小时左右，具体请看“优质睡眠的小秘诀”。坚持下去，你就会发现，精力会更充沛，总有用不完的劲儿。

如何知道是否有人动了你的日记

日记本不在原地了！是不是有人偷看了？教你几招，赶紧把偷窥者抓住吧。

被动的可不只是一根头发。取一根头发——发梳上肯定有好多。将头发的一端夹在日记本封面和第一页内文之间，另一端夹在封底和最后一页之间,日记本还藏在平时的地方。下次翻看日记本的时候，头发应该还在，如果不在，那就说明有人未经允许动了你的东西。

粉末线索。在最后写日记的那一页撒一些滑石粉，量不要太多，这样才不容易被发现。合上日记本，去忙自己的事。如果有人偷看了，下次你翻看日记的时候，就会发现，滑石粉已经撒到了藏日记本附近的地板上。

给偷窥者的建议。在日记里写一些假信息。比如，如果你认为偷看日记的是你弟弟，那就这么写："我希望本（弟弟的名字）可以时不时给我买些糖，这样我就会让他用我的电脑啦。"如果弟弟出乎意料地给你买糖了，那就说明他中招了。

如何劝说父母

是否想跟爸爸妈妈再要些零花钱？是否想说服他们同意你在工作日的晚上去朋友家过夜？不管为了什么，如果想要说服他们，就看看下面这些妙招吧。

聪明的策略

拍“马屁”屡试不爽。即使爸爸下楼时穿的是花衬衫，看上去就像20世纪70年代的风格，也要夸赞他酷极了。爸爸妈妈都喜欢听好话。

做一星期模范女儿。一回家就写作业，吃完饭就站起来收拾餐盘，然后全部洗干净。当然，这样的一周肯定不怎么有趣，可是，如果能让父母改变想法，也值得。

写一份报告。详细列出“同意”和“不同意”做的事情，采用书面形式，这样比较正式。召开家庭会议，讨论你的报告。不要生气，也不要沮丧，讲清楚自己的情况即可。

孤注一掷

如果以上策略都不行，那就得让他们明白你是认真的了。

做标语牌。将卡片用胶布贴在小杆上，上面写出自己的要求。例如：“我想要更多的零花钱，就是——现在！”挥动标语牌，在客厅来回踱步，大声喊着标语，直到父母妥协——当然，他们也可能会呵斥你闭嘴！

发誓保持沉默。告诉父母，如果他们不答应你的要求，你就不开口说话。即使弟弟未经允许使用你的电脑，也不要爆发。

大打同情牌。睁大眼睛，咬着下唇，垂着头，做出随时都会哭出来的样子。如果可以，就挤几滴眼泪吧——当然，这个是需要练习的。

罢工。如果以上种种都不起作用，那就罢工吧。躺在沙发上，不起身，以示抗议，并扬言如果他们不同意，你就不起来。

注意：一定要记住，上述这些方法也可能有另一种后果——激怒父母，他们因此更不愿意改变想法了。

如何制作一条暗藏机密的友谊手链

给闺蜜做一条含有特殊颜色暗语的友谊手链吧。参考“做个颜色暗语表吧”，选出可以总结你们友谊特征的三种颜色。然后用这三种颜色编手链，让闺蜜知道，她对你来说，多么与众不同。

制作友谊手链

你需要用到以下物品：

- 卡片（长和宽大约都是 25 厘米）。
- 柔软的绣花线（三种颜色）、剪刀。

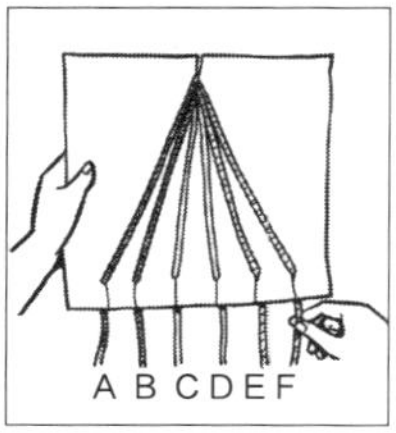

1 剪好 6 根线，每根线大约 1 米长，每种颜色两根。将 6 根线的一端打结系在一起，末端留出 10 厘米不编。

2 卡片的顶端剪出 5 厘米长的口子，末端剪出 6 个 5 厘米长的口子，每两个中间隔出大约 2 厘米的距离。

3 将打好的结卡在卡片顶端的口子上，将 6 根线分开，每根线固定在卡片低端的口子上，如右图所示，同种颜色的两根线放在一起。

4 将 A 线压在 B 线上。

5 将 A 线绕到 B 线下面，如右图所示。轻轻拉紧，绕出的结靠近顶端。将B线拉回最左边。重复这一步骤，在 A 线上再绕出一个结。

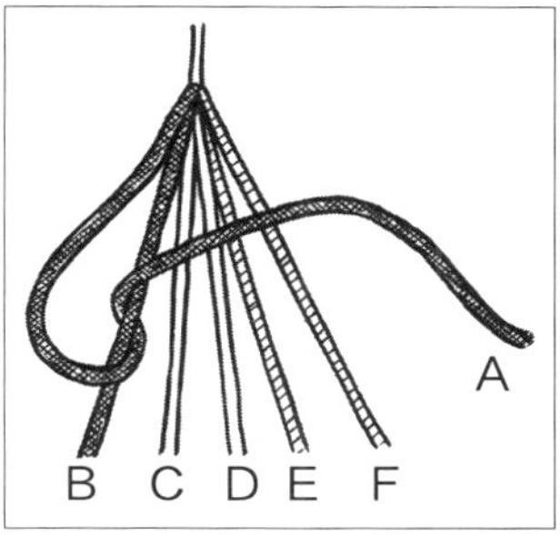

6 按照上述步骤，每根线都朝左边那根线绕过去，绕出结，靠近顶端，6 根线始终分开。

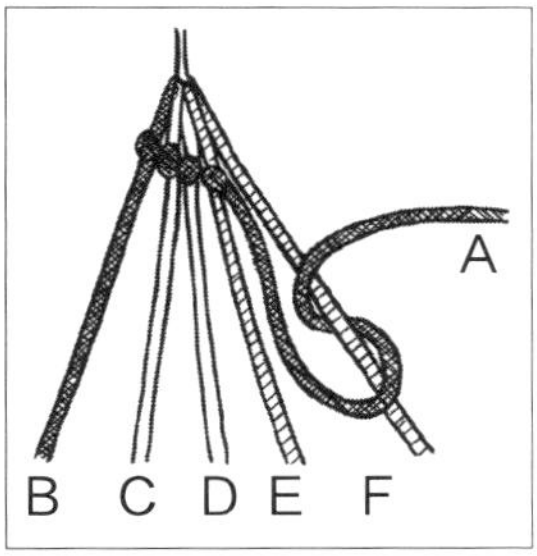

7 继续用 A 线在其他线上绕节，每条线都是绕两个，直到 A 线拉到最右边为止，如左图所示。

8 按照 4~7 的步骤，开始绕 B 线。

9 按照 4~7 的步骤，开始绕 C 线、D 线、E 线和 F 线。慢慢绕，6 根线会呈现出漂亮的条纹图案。

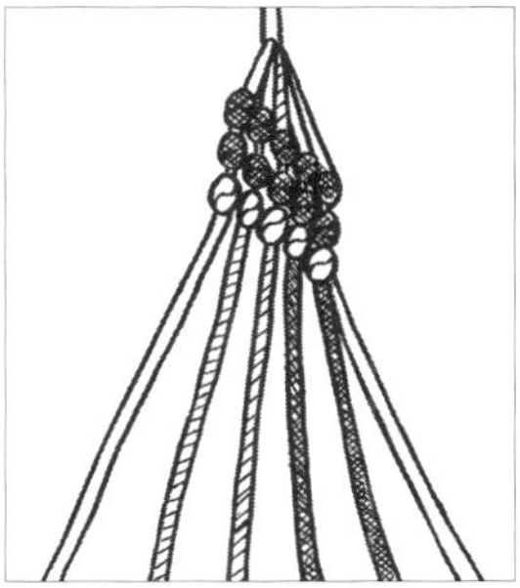

10 编出的手链长度对于手腕来说足够长时，将6根线一起打结，留出 10 厘米左右不编。

制作暗语珠

制作暗语珠，给手链增添一些私密信息。

你需要用到以下物品：

・烤盘・较大的搅拌碗 1 只，小碗 3 只・50 克盐・150 克纯面粉，筛好・150 毫升微温的水・3 只塑料食品袋・3 支穿肉扦・PVA 胶水，一只小刷子・凡士林・3 种不同颜色的食品着色剂・纸和笔・用于装饰的金属片・小亮片。

1 在纸上画一张颜色图表，将每种颜色的食品着色剂分别赋予特殊的含义，比如：

紫色：谢谢你帮我做家庭作业。
橙色：你烤的蛋糕最美味。
蓝绿色：你总是对他人特别友好。

2 将面粉和盐搅拌在一起，慢慢往里面加水，不停搅拌，直到混合成柔软的面团为止。把面团揉软。

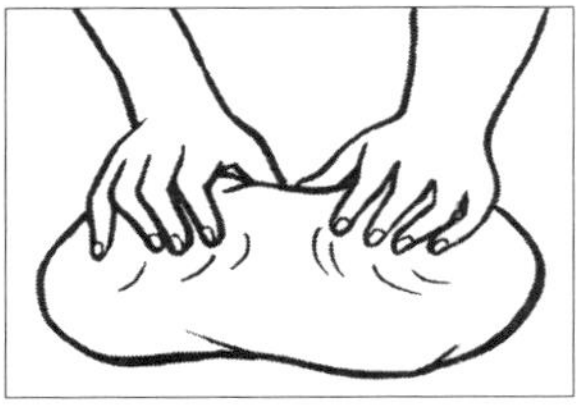

3 将面团分到 3 只小碗里，每只小碗里加几滴食品着色剂，充分和面团混合。

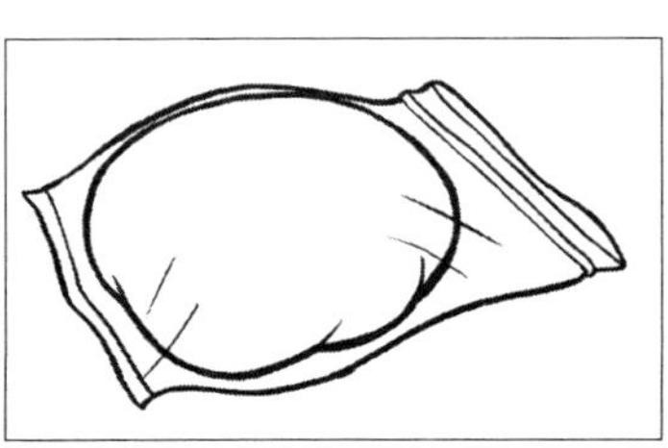

4 把三种颜色的面团分在 3 个塑料袋里装好。放在温暖的房间里，30 分钟后，面团会稍微发酵，变得更加柔软，这样更有利于制作出不同的形状。

5 从一个面团上扯下一小块，用手掌搓成小圆球，也就是小珠子。将每种颜色的面团都搓成小珠子。（所有的面团都用完，如果制作出的小珠子这次用不完，以后还可以给自己做手链哦！）

6 在每支穿肉扦上涂抹凡士林，防止小珠子粘在穿肉扦上。将小珠子穿在不同的穿肉扦上，然后在小珠子上随意贴金属片。

7 将穿好的穿肉扦钎放在烤盘上，然后将烤盘放入烤箱，温度设定在 150 摄氏度（即 300 华氏度，刻度调至 2），烘烤 30 分钟，直至小珠子变硬。

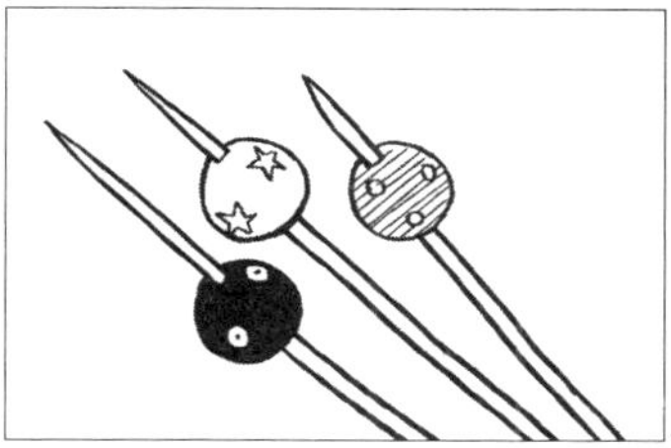

注意：使用烤箱时一定要让家长帮忙，一定要戴烤箱专用手套。

8 等小珠子凉透后，把穿肉扦拔掉，在小珠子外面涂上 PVA 胶水，增加光泽度。胶水里可以掺进小亮片，这样小珠子就会格外闪亮了。

9 等胶水干透后，把暗语珠穿在手链剩下的 10 厘米的线上，然后打个较大的结固定。末端依然留出一段垂下来，以方便朋友戴手链的时候，系在手腕上。

10 用事先顺备好的颜色图案纸将手链包起来，大功告成，可以送给朋友啦。

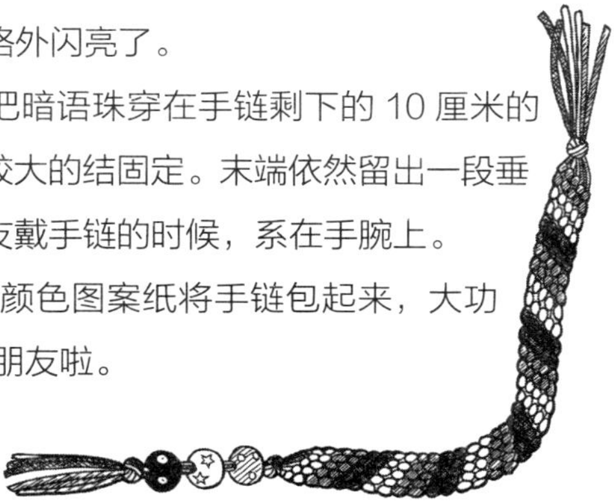

如何才能把秘密说出口

对于自己的秘密总是守口如瓶也不好，有时候，跟他人说说自己对于某件事的感受，非但不会让情况更糟，说不定会对你有帮助。如果你也感觉向别人一吐为快是上策，那就谨遵下面的四条黄金法则吧。

法则 1：千万不要通过电子邮件或者短信将秘密告知朋友。说不定你会误发给他人，你的朋友也有可能将你的邮件误转给他人哦。秘密还是面对面说比较好。

法则 2：确定你没选错人。你相信她会认真帮你保守秘密吗？她是不是那种什么都不放在心上，胡乱开玩笑的人呢？有时候，将秘密告诉给真正关心你的成年人更好。

法则 3：时间要选对。一定趁只有你和对方在场的时候再把秘密告诉她，而且要确定在这段时间内没人打扰。比如说，放学后一起回家的路上或家里只有你和妈妈，没有他人的时候。

法则 4：确定你要吐露心声的对象明白你很信任她，愿意告诉她一些私密的事情，而且只会对她说。如果她明白这对你来说很重要，就不太可能和他人“八卦”了。

如何玩“秘密任务”游戏

“秘密任务”这种游戏适合在某个人生日的时候玩，因为生日时游戏的奖品也会很可爱。设定一系列需要破解的线索，引导朋友到你选好的秘密地点，也就是放置奖品的地方。秘密任务游戏需要事先做好准备。具体玩法如下：

破解线索任务

1 游戏开始前先想好一个希望朋友们最终可以找到的秘密地点。可以是公园、花园或任何适合玩这个游戏的地方。将一盒游戏用具藏在所选秘密地点的树下。里面放上跳绳、羽毛球拍以及其他可以和朋友一起玩的东西。

2 写出线索，事先藏好。每个线索会引导朋友前往下一个线索。举个例子，一开始的几个线索如下：

线索 1： 下一个线索是在一处有水且有很多珍贵水生生物的地方。（下一个线索就在金鱼鱼缸旁边）

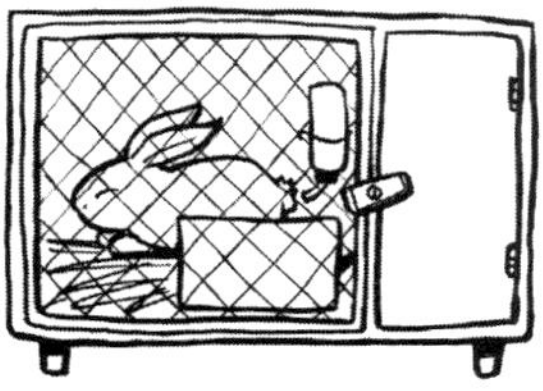

线索 2： 寻找电影《海底沉舟》的明星。（将下一个线索藏在兔笼里）

线索 3：找到花园里最高的那棵树。（将下一个线索藏在最高那棵树的大树枝上）

线索 4：下一个线索美味又寒冷。（将下一个线索藏在冰箱背后）

线索 5：小心，不要坐在这个线索上。（将下一个线索藏在沙发垫下面）

在最后一个线索中透露想让大家找到的最终地点。

3 然后大家一起聚在你的卧室。递给每个人一个密封好的信封，上面写着“绝密”二字。信封里装的内容完全一样，即秘密任务以及第一条线索。

亲爱的粉红小姐：

你的秘密任务是找到并解决一系列的线索。如果所有的线索都正确解决了，你就可以找到秘密地点，游戏就可以开始啦！你需要在 45 分钟内完成任务，45 分钟之后，快乐即将上演！

你的第一条线索就在这个信封里。祝你好运哦！

早早到达秘密地点，为派对游戏做好准备。给大家每人发一支派对烟花，庆祝任务成功完成。

如何才能理解妈妈

你很爱妈妈，可即便如此，两个人也时常会误解对方。下面就是每位女生都应该了解的关于妈妈的 5 条最重要的秘密。

秘密 1：做妈妈的都喜欢聊天。你不必把自己做的所有事情都一一汇报，只要让她更多地融入你的生活就好。跟她说说学校里的事，例如你和朋友相处得如何。

秘密 2：妈妈也有心情不好的时候，这一点和你或者你的朋友没什么两样。如果妈妈心情不好，为什么不上前给她一个拥抱，让她知道你多么爱她，在乎她的感受呢?

秘密 3：给妈妈帮忙。如果妈妈让你帮忙，不要讨价还价。想一想她为什么要让你帮忙。比如，如果她总是提醒你不要胡乱把毛巾丢在浴室，要记得捡起来、挂好，那是因为把毛巾挂好，就不用频繁清洗了。

秘密 4：创造相互陪伴的黄金时光。一起做饭、一起整理老照片、一起做园艺。你们在一起的时间越多，就会感觉相处起来越容易。

秘密 5：听妈妈的建议。妈妈肯定从生活中积累了不少经验教训，这些对你会非常有用。如果你有什么烦心事，就跟妈妈说一说，她或许知道你应该怎么做。

如何制作双箱底的箱子

你需要用到以下物品：

- 一个纸板箱，比日记本略大。
- 一张卡片，比纸板箱的底部略大。
- 剪刀、铅笔。

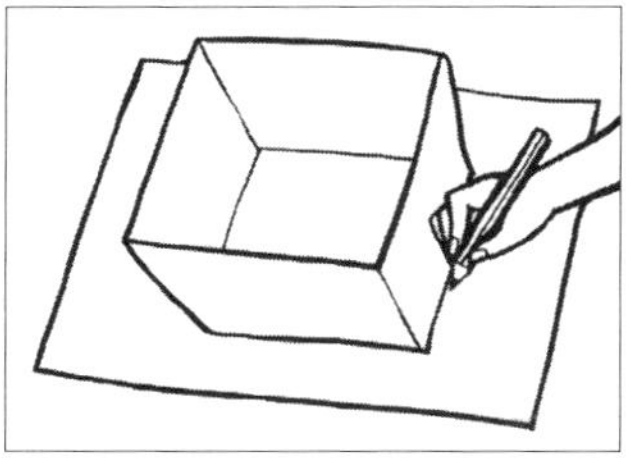

1 将日记本放入纸板箱。

2 将纸板箱放在卡片上，用铅笔沿着纸板箱的四周在卡片上画下来。

3 在画好的四方形里面再画一个四方形，每一边比外面的四方形大约短 0.5 厘米。将较小的四方形剪下来，卡片剩余的部分不需要。

4 将剪好的卡片盖在箱子里的日记本上。

5 最后，箱子里装满旧玩具或旧衣服。即使有人翻动箱子，想要找你的日记本，他们也不会得逞！

如何听懂父母的暗语

你有没有过这样的感觉——父母总是用他们自己才能听懂的暗语和你交流。如果想要明白他们真正的想法，就看看下面这些小贴士，了解他们的话外音吧！

父母说：“学会自己洗衣服很重要。”

意思是：我有这么多事情要做，如果你能帮帮忙，肯定会好很多。

父母说：“我会考虑考虑的。”

意思是：不行。

父母说：“你介不介意给我泡杯茶呀？”

意思是：我工作了一周很辛苦，如果你可以照顾我一下，我会很高兴。

父母说：“你的数学作业我是不会帮忙的，自己独立完成很重要。”

意思是：我不帮你，是想让你独立完成。

父母说：“我们觉得下周周末你去陪陪爷爷奶奶会比较好。”

意思是：我们需要歇口气儿，你就别在家了！

如何打败坏心情

是否感觉很郁闷？是否觉得黯然神伤？没关系，聪明的女生总是知道怎么在感觉郁闷时找回好心情。她们的秘密就在下面哦：

要吃些巧克力犒劳自己。巧克力可以提升体内血清素的水平，血清素有助于使人感觉快乐。

不要吃垃圾食品。当然了，偶尔一次没关系，否则容易感觉浑身乏力。

要寻找新的爱好。比如，参加戏剧小组或健身俱乐部，这样还会交到更多的朋友。

不要做“沙发土豆”。越是坐着不动，感觉就会越糟糕。和朋友一起到花园里走走，立刻就会感觉精神焕发，有足够的信心面对一切了。

要有积极乐观的心态。和朋友一起，相互写出自己喜欢对方的 5 个理由，看到朋友那么珍视你，一定会备受鼓舞。

如何缓解紧张情绪

很多事情都会引发紧张情绪，比如乘坐飞机、新学期第一天、看牙医、做演讲或考试等。下面这些练习有助于消除紧张情绪，让你自信满满哦。

深呼吸

紧张的时候往往呼吸会很快，因此，大量的氧气就会被输送到全身，感觉紧张、头昏也就在所难免了。这个时候进行深呼吸，马上就会感觉平静，一切尽在掌握之中了。

因此，当下次心里七上八下的时候，用鼻子慢慢吸气，然后用嘴慢慢呼气。默默数“1”，然后重复这一步骤，默默数“2”，一直数到“10”。如果中间记不清数到几了，就从头再来。

发挥想象力

紧张因素到来的前一天，花点儿时间想象一下第二天的场景。如果是考试，那就想象自己充满自信地走进考场，找到座位时很平静，打开试卷，发现第一题你会做，感觉很开心！考试的前一天，让这些场景在脑海中反复出现，感觉平静自信的画面每出现一次，到真正开始考试时你的感觉就会好十倍哦。

放松身体

感觉紧张时，全身肌肉往往都会紧绷，因此，情况只会更糟糕。为避免出现这种情况，可以静静地在脑海中将全身各个部位想一遍，从脚趾慢慢往上，先绷紧，再放松。同时用缓慢平静的语调对自己说：“放松脚趾，我的脚趾很舒服。”然后到下一部分：“放松脚踝，我的脚踝很舒服。”如此继续。

小心不要因为太过放松而睡着了哦。

如何破解肢体语言

你知道吗，肢体动作或肢体语言往往会透露一个人真正的想法！肢体语言是不借助于口头表达的人际交流方式，下面就介绍几种常见的肢体动作。

镜像

如果有人模仿你的动作，也就是你怎么做，她就怎么做，这说明对方喜欢你，想让你们看上去很像。也可能说明对方和你在一起时有些紧张。如果是这样，那就尽量让她放松一些、自如一些吧（具体请参考“让他人舒适的秘诀”）。

双臂交叉抱在胸前

如果聊天时对方将双臂交叉抱在胸前，这可能表示她有些沮丧或是被你惹生气了。注意你的言语，她随时都可能和你吵起来哦。

歪头

下意识的歪头动作说明对方想告诉你，她没有什么危险性，不会对你造成威胁。妈妈和小宝宝说话时往往会这样。歪头还可以表示所说的话不必当真，只是个玩笑而已。

手掌摊开

如果对方和你说话的时候手掌摊开对着你，往往表示她很开朗、诚实。如果手掌伸开，手指并拢，那就说明她希望你对她说的话充满信心。

直视

眼神交流也就是直视对方，说明和对方在一起很舒适。如果有人回避你的目光，那就要注意对方是否骗了你（具体参考“她有没有说谎呢？”判断对方是否在说假话）。

如何迅速伪装自己

如果和朋友玩跟踪游戏（具体参考“来一场跟踪游戏吧”），可对方特别熟悉你，那就得好好伪装一番了，这样才能神不知鬼不觉地跟踪到底。看看下面的注意事项，了解一下伪装时哪些可以做，哪些不可以做。

不要从搞笑用品商店购买喜剧用的胡子、眼睛套装。戴上这种道具只会让你在人群中更显眼。

如果是长发，那就好好打理，编成两个辫子，然后藏在帽子底下。如果是短发，为何不在化装舞会商店买一件逼真的假发呢？

不要穿任何大家会联想到你的服装，比如你最爱的连帽开衫、新的芭蕾舞鞋等。即便是短袜，限量版的条纹款也会暴露你的身份。

要带可以将脸挡住的道具。雨天的话一把雨伞，大热天一顶大大的太阳帽都是最佳选择，这样就可以在需要的时候挡住

脸了。

不要像往常那样走路，否则大家从走路的动作上就可以认出你来。也不要学着一瘸一拐走路，因为这样看上去很可疑，更会引起大家的注意。如果平时走路快，那就放慢脚步，如果平时走路慢，那就加快脚步，这样就足够了。

要戴围巾，然后将围巾扯起来，挡住一部分脸。选择与季节相配的围巾——大热天围着羊绒围巾总不是那么回事。天气暖和的话，可以用棉质围巾包住头部，露出眼睛。

伪装不要太怪异，否则会引起怀疑。伪装需要气场和自信。

用化妆品修饰脸部。用淡棕色的眼线笔在鼻子和脸颊上画雀斑或用深棕色的画一颗痣也不错。

如何玩转“秘密之夜”的惊喜游戏

“秘密之夜”的惊喜游戏是圣诞节的“秘密圣诞老人”游戏的一种。在“秘密圣诞老人”的游戏中，大家都会收到一份匿名赠送的礼物。而在秘密之夜的惊喜游戏中，大家不仅会收到一份惊喜礼物，而且会受到朋友的特别宠爱哦。

客人到达之前

请大家前来时各自准备一份惊喜礼物，可以是她们不需要的但又很棒的东西。比如游戏道具、一件衣服等。

剪好一些小纸片，每位客人两张。其中一张写上她的名字，然后折起来，避免大家看到纸片上的名字。然后把折好的纸片放入碗里或者翻过来的帽子里。

在剩下的纸片上写出马上要答应每位客人的犒赏项目，一张纸片上写一种。将纸片折起来，再准备一只碗或一顶帽子，将折好的纸片放进去。例如：

编法式发辫、按摩后背、修剪手指甲或脚指甲（包括涂指甲油）、化妆美容、占卜、按摩头部、做面膜……

将这些项目所需要的物品放到一个箱子里，比如，指甲油（准备多种颜色）、化妆品、化妆刷、梳子、发带、面膜或面霜等。

游戏开始

秘密之夜开始后，向大家宣布你有新的游戏，然后拿出两只“幸运抽奖”碗，给大家介绍规则。每个人务必从两只碗中各抽取一张纸签（如果有人碰巧抽到了自己的名字，那就再抽一次，将写有自己名字的纸签放回去）。

让大家读出纸签上的名字以及犒劳项目，被念到名字的人必须给对方一份惊喜礼物，然后提供犒赏项目服务。这样大家都可以得到礼物以及来自朋友的奢侈服务了。

如何做个从容的失败者

如果曾经在最喜欢的比赛中输得很惨，你一定知道作为失败者的感觉。一定要抑制住跺脚、歇斯底里大哭的冲动，否则，朋友们就会丢掉对你的尊重，相反，看看下面的小技巧，学会做个从容的失败者吧。

艺术比赛

你是否在上次艺术比赛中名落孙山？千万别再指着获胜的作品说些酸话了，这样只会让自己看上去显得小心眼。在获胜作品中找出你喜欢的三个方面，然后告诉其他人。听一听裁判对你的作品的评价，下次比赛的时候好好考虑一下。暗暗下定决心，明年比赛你还要参加，这样才会有提高水平的动力。从失败中学习才有助于将来获胜。

大型赛事

如果在大型体育赛事中失败，比如和另外一所学校的球赛，一定要记得和获胜队的队员一一握手，以示对获胜者的尊重，即使心里不情愿也要这么做。这表明你很欣赏他们的技术，认可他们的成绩。

争取胜利

要学会自我批评，找出自己的不足之处。如果是舞蹈比赛，赛前你是否进行了充足的练习？头一天是否睡得太晚，以致比赛时精神不足？

失败并非坏事。赢得最终大赛的人未必之前场场比赛都会获胜。他们也是经历了各种挫折和失败，越挫越勇，最终才爬到了顶峰。

获胜并不代表一切，重在参与。不管结果如何，都要保持良好心态，毕竟，还有下一次机会。

如何道歉

说声“对不起”不容易，毕竟，承认自己做错了对谁来说都很困难。如果你想说“对不起”，并且很认真，不妨花点儿心思找一种独创的方法，以示自己是真心的。下面这些方法就不错。

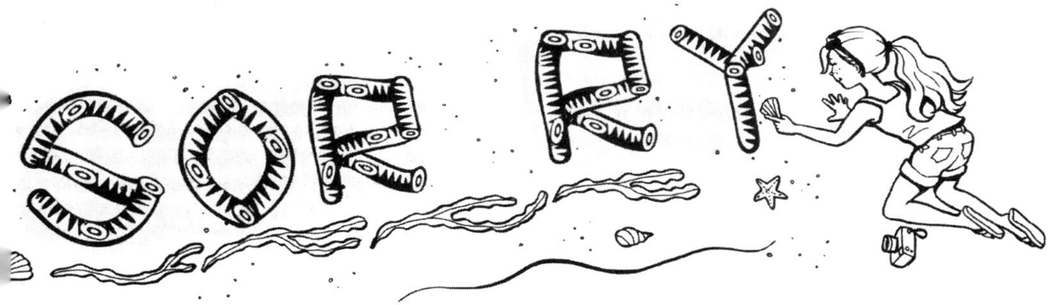

做海报。在A3大小的纸上用黑体字写出要道歉的话。例如，“亲爱的爸爸，对不起！爱你的（此处加上自己的名字）”。将海报悬挂在爸爸可以看到的地方，给他个意外惊喜。比如，自家花园门口，他上班时肯定会看到，浴室镜子旁边，早晨爸爸刮胡子时也会看到。

最大的“SORRY”。用不寻常的材料“写”出大大的“SORRY”。可以在草地上用小石子和小树枝摆出这几个字，或者在海滩上用贝壳和海草摆放也不错。还可以充分利用厨房用具，如用餐具和牛奶瓶盖在餐桌上摆出“SORRY”字样。

GOOD **小诀窍：**如果对方不在身边，可以将你的“作品”用手机拍下来，然后发给她。

写一首诗。在卡片上写一首押韵的诗，向对方道歉，说不定会把他/她逗笑呢。如果有亮片笔，可以好好装饰一下卡片的正面。

周六很糟糕，
因为我们吵闹。
意识到让你伤心了，
我一天都很难过。
咱们应该永远都是好朋友！

也可以来首滑稽的打油诗，博对方哈哈大笑：
这是写给你的，亲爱的朋友，
我希望结局很快乐。
真抱歉，我错了。
请别再生气了！

如何使用符号语言

通过短信或电子邮件很容易发送秘密信息。和朋友商量好，在发送信息或邮件的时候只用以下代码，这样你们的信息就绝对私密了。

狡猾的文本信息语言

- 把句子倒着写，让偷看你收件箱的人一头雾水。比如，“和朋友商量好，发送信息或邮件的时候只用代码”这句话就可以写成“码代用只候时的件邮或息信送发，好量商友朋和”。
- 写出秘钥，并且告诉朋友，然后将真正的信息伪装起来。

1 空白信息，意思是：“我有秘密要告诉你，有空的时候到我家来。”

2 信息只有一个字母“X”，意思是：“放学后召开紧急秘密会议。”

3 信息只有两个感叹号，意思是：“我今天很伤心，需要大家安慰鼓励。”

4 信息中将字母“O”重复 6 次，意思是：“我给你买了一个礼物。”

5 晚上 9:50 发送空白信息，意思是：“你没睡着吧？我要给你发摩斯电码信息喽，注意窗户哦。”（具体请参考“黑暗中也可以交流”，学一下摩斯电码的使用方法吧。）

表 情

多数手机都可以插入表示笑脸的符号（即表情符号），这样的话，就可以通过信息表达自己的心情了。和朋友一起设计属于你们自己的秘密表情符号，可以参考下面这些方法，侧着看才能看懂图片内容：

/5= 考试得了满分。

(::()::)= 我一直支持你。

：－§ = 要保密哦。

8-]= 我喜欢那个人。

:-@= 我的弟弟真让我抓狂。

({)= 我想好好拥抱一下你。

:’ -)= 那个笑话太搞笑，我都笑出眼泪了。

如何才能理解老师

你是否做梦都想进入老师的“好学生名册”，可似乎怎么做都没办法让他们满意？看看下面的小贴士，你就知道老师们到底是怎么想的了。

秘密潜台词

老师说：“今天我要交给你们一项有趣的小任务哦！”

意思是：你们今天早晨要把储物柜打扫干净。

老师说：“我觉得下午大家应该做做默读。”

意思是：我头痛，需要你们保持安静。

老师说：“这个我只说一遍。”

意思是：我不想重复三四遍，因为你们当中有一半都不在听我说话。

老师说：“咱们一起用电脑查一查这个问题的答案吧。”

意思是：我也不知道答案是什么。

老师说：“今天咱们看碟片。”

意思是：今天我把上课计划落在家里了。

老师说：“我上学的时候从来不会那样做。”

意思是：现在我根本记不清上学时的事情了。

老师的“宠儿”

如果你和老师关系很好，但又不想让大家认为自己是老师的“宠儿”，那就看看下面这些建议。

- 每天调整自己的座位。不必为了上课积极回答问题、参与课堂交流而紧挨着老师。
- 即使自己知道问题的答案，也要把回答问题的机会留给其他同学。老师改作业时就会明白，你知道问题的答案。
- 如果不懂，举手请老师再讲一遍。你的诚实会给同学留下深刻印象，他们也会因为可以再听一遍老师的讲解而感激你。

如何写出隐形字

可以尝试写一些只有朋友才知道怎么看的隐形信息。每次都用不同的书写方法，摆脱那些自以为破解了信息的偷窥者。

在湿纸上书写

1 将一张白纸浸入水中，然后铺在桌子上。

2 上面覆盖一张干纸，一定要小心。

3 用圆珠笔在干纸上写下信息。

4 揭掉干纸，扔进垃圾桶。把湿纸晾干。

5 晾干后直接交给朋友。告诉她，要想知道纸上写了什么，只要把纸浸湿就可以了。对，就是这样！

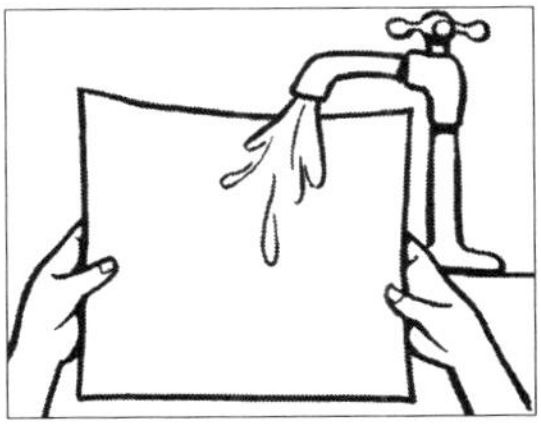

GOOD **小诀窍：**在给朋友发送隐形信息之前，一定要通过手机短信告诉她写隐形字的方法。如果是在湿纸上书写，就发送“湿”字。

化学反应

1 把等量的水和小苏打放在碗中，充分融合。

2 用牙签蘸取溶液，当作笔使用，在白纸上写下你的秘密信息。

3 用短信给朋友发“葡萄”二字。意思是，要想看到信息，她得在纸上蘸一些葡萄汁，这样，经过化学反应，信息就会呈现棕色。

可可粉编码

1 在一张白纸上用白色蜡烛当作铅笔写下秘密信息。

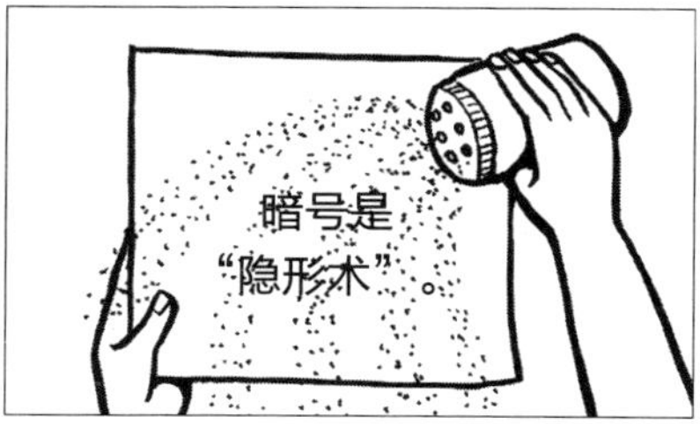

2 用短信给朋友发“蜡”这个字，意思是，要想看到信息，她得在纸上喷一层可可粉，然后轻轻抹掉，这样信息就会奇迹般地显现出来了。

如何成功

大多数的人生赢家心态都很积极，也正因如此，他们才可以爬到人生的顶峰。别人想着晚上要看什么电视节目的时候，他们却在关注未来的成功。看看下面这些，寻找一下成功的秘诀。

积极思考

积极思考意味着你必须相信自己会赢。正因如此，你才会花更多的时间看着各种奖项高高摞起，而不再关注播放什么电视节目。

比如，运动会你想赢得两人三足跑项目，那就想一想自己为什么要赢，把原因写下来。比如，如果今年赢了，那就五连胜了；之前从来没有赢过，所以想要赢一次，或者是因为想和闺蜜一起赢得比赛，把这一时刻永远记在心里。

比赛的头一天晚上，平躺，尽可能集中注意力。在脑海中过一遍想要赢得比赛的原因，一个接一个，仔细想一遍。想象着自己超越对手，冲过终点线的画面，想象着自己拿到奖品的画面。比赛当日，你就会充满动力，万事俱备，第一非你莫属。

认真参与，志在必得

赢家从来不会回避竞争。他们只会积极参与，并且坚信自已胜券在握。因此，下一次朋友邀请你参加学校的科技比赛时，一定要同意，即使你知道比你高一年级的同学也参加了，也要点头——说不定裁判年年看同样的参赛作品已经厌倦了，你的作品给他们留下深刻印象，因此胜出了！这个谁知道呢？

不要随大流

赢家往往不会随大流，相反，他们会寻找机会挑战自我，另辟蹊径。

因此，你也不要随大流。比如，朋友总抱怨放学后没有合适的地方一起玩耍，那为什么不试着在你们城镇组织一个青年俱乐部呢？向当地市政委员会提交方案，他们很可能会被你的创意打动，你和朋友也就多了一个崭新的青年俱乐部了。大胆思考，创新思考，像赢家一样，开动脑筋吧！

如何从字迹中看出性格

要想真正了解朋友，不妨看看他们的家庭作业，一个人的字迹会透露出不少性格特点。

字体很大

这说明主人外向、自信——至少看上去如此，也许只是行为表现而已。

字体瘦长

这说明主人喜欢单独一人，能够很好地应对压力。

字体左倾

这说明主人感觉很羞愧，因为自己不怎么和他人来往，总是躲在自己的小世界里。

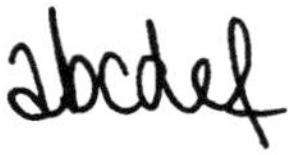

字体很小

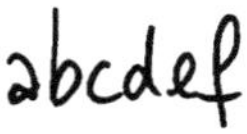

这说明主人喜欢思考人生，学业很好。可能还是个害羞又安静的人。

字体凌乱

这说明主人可能很难集中注意力，经常想东想西。

字体整齐

这说明主人是个贴心可靠的女生，不过，事实也可能并非如此，说不定这个小姑娘内心野蛮得很！

字体右倾

这说明主人喜欢和他人交流，喜欢参加派对。

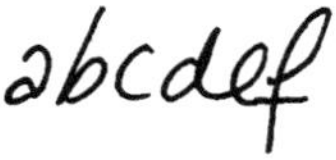

如何成功演讲

当众讲话，不管是在教室参加演讲比赛，还是在全校师生面前做演讲，都会让人紧张。成功的演讲家都有吸引观众注意力，让大家为之喝彩的小妙招。

演讲小妙招

下面这些锦囊妙计每位演讲家可都了然于胸：

直视。演讲的时候眼睛飘忽不定地看着远方，观众就会怀疑，你可能不喜欢他们在场。演讲过程中要和不同的人有眼神交流，和大家有眼神互动。

运气发声。不管是在较大的屋子还是大厅，如果和很多人说话，就要学会运气发声，以便让大家都听到。这并不是说要大声叫喊，而是正常说话，只不过声调要高一些而已。一开始可以在家中练习。

牢牢吸引观众的注意力。一定要熟记演讲内容。要想达到最理想的演讲效果，演讲的时候就要从容不迫，娓娓道来，这样才能从头到尾吸引观众的注意力。

变换声调。演讲时不要一直用同一声调平铺直叙。声调要时高时低，该强调的地方要强调，这样才能让观众注意到关键点。

准备提示卡。不要把所有内容都写下来，然后头也不抬地对着发言稿念一遍。准备一些提示卡，提示卡与手掌大小相当，在上面写下演讲的要点，加上关键词、关键句，提醒自己要说的内容。演讲的时候，要抬头看着观众，必要时，偶尔瞟一眼提示卡，激活记忆就行了。

逗大家笑。一个笑话就可以让观众兴趣大增，关注你所说的话。事先想一两个笑话，让你的演讲在笑声中结束。

如何拥有一个秘密小窝

在秘密小窝里和朋友一起开秘密会议再合适不过了。看看怎么做一个属于你们的秘密小窝吧。

地点，地点！地点很重要！

秘密小窝的形状及大小没有统一标准。下面这些地方都可以变成你和朋友的秘密小窝：楼梯下的橱柜、不怎么使用的大衣橱、地下室、树枝下垂几乎着地的大树下、屋后花园的灌木丛后等。

简单的秘密小窝只要有几面墙就可以。如果在户外，可以将旧床单盖在两丛灌木的顶部，然后在上面盖上树枝作掩护。如果小窝选在室内，可以在沙发背后扯一条床单，另一端用垫子固定好。

制作秘密小窝的规则

规则 1：隐蔽很重要。如果秘密小窝做得很完美，从一旁经过的人是不容易看到的，也不会被家人无意间发现。

规则 2：千万不要在有危险的地方做秘密小窝。比如，偏远的树林里选一处可以藏身的地方，这个想法就不怎么样。

规则 3：秘密小窝的入口一定要小，这样才能确保成年人不会进来。

规则 4：只告诉最好的朋友秘密小窝在哪里，这样才能把秘密保守得更久。

装饰秘密小窝

按照下面的步骤，把秘密小窝装饰成闪闪发光的阿拉丁奇幻洞穴吧。

你需要用到以下物品：

- 一团绳子。
- 挑选一些纽扣、珠子、光盘、糖纸、牛奶瓶的瓶盖等。
- 裁缝用的剪刀、 亮色的布料。

1 剪 6 段绳子，每段大约 1 米长。每段绳子的一端打个较大的结，穿一个大珠子。再剪一端段子，大约 5 米长。

2 在牛奶瓶的瓶盖上钻一些小洞，然后穿在较短的几根绳子上，另外再在绳子上穿扣子、贝壳、珠子、金属片等你能找到的各种小饰品。把装饰好的绳子放在一边。

3 把布料裁成大约 1 米长、15 厘米宽的长条若干。在一端剪一个孔，把一根装饰好的绳子从孔中穿入，最后把长条布料固定在 5 米长的绳子上，形成一个圈。

4 把 5 米长的那条绳子的两端分别固定在离地面大约 1 米高的地方。将长条布料固定在绳子上，一开始装饰好的那些绳子会闪闪发光，格外漂亮。

如何了解星座的秘密

你是什么星座取决于你的生日，星座可以反映很多秘密，比如你喜欢什么，讨厌什么，你有什么样的性格，等等。

白羊座（3 月 21 日—4 月 20 日）

你喜欢竞争，而且特别好胜。精力旺盛，经常会鼓动朋友做一些有趣的事情。

星座秘密：你可能有些专横。

金牛座

（4 月 21 日—5 月 21 日）

你喜欢存钱，花钱也会很理智，喜欢讨价还价。

星座秘密：你有些固执。

双子座（5 月 22 日—6 月 21 日）

你是个话匣子，所以，如果你不是在和朋友“八卦”，那肯定就是在煲电话粥。

星座秘密：你的想法总是变来变去。

巨蟹座（6 月 22 日—7 月 23 日）

对你来说，家庭和家人很重要。什么都比不上陪着妈妈，窝在自己的卧室会让你惬意。

星座秘密：你会发现很难向他人倾诉自己的情感，而且容易想家。

狮子座（7 月 24 日—8 月 23 日）

你真是个不折不扣的女王。你很可能在某方面有天赋，或者有某项兴趣爱好，因此很受关注。朋友也喜欢围着你转。

星座秘密：你可能有些爱炫耀，而且很难接受其他人受关注。

处女座（8 月 24 日—9 月 23 日）

你特别在意健康，而且每天都会坚持“五蔬果”的食谱。你有条不紊，很少丢东西。

星座秘密：对不像你那么有条不紊的朋友，你可能会有些苛刻。

天秤座（9 月 24 日—10 月 23 日）

你和闺蜜——或者说“死党”真是难舍难分。你爱好和平，讨厌看到他人争吵。

星座秘密：你老是卷入他人的问题当中，很容易烦躁。

天蝎座（10 月 24 日—11 月 22 日）

天蝎座小姐，本书简直就是为你量身打造的，因为你喜欢小秘密，而且特别擅长保守秘密。你知道自己想要什么。

星座秘密：当你特别渴望得到某件东西时，你的样子会让大家感觉有些恐怖。

射手座（11 月 23 日—12 月 21 日）

你对生活的方方面面都充满了兴趣，你喜欢新的冒险，有乐观的心态，很少会感觉紧张。

星座秘密：你总是忙着思考自己想要什么，往往忽略了他人。

摩羯座（12 月 22 日—1 月 20 日）

你很勤奋，喜欢设定目标，然后逐一完成。你喜欢在家庭作业方面帮助朋友，喜欢不厌其烦地给他人讲解。

星座秘密：你可能有些喜怒无常，当没有完成设定的目标时，对自己有些严苛。

水瓶座（1 月 21 日—2 月 19 日）

你的想法总是和朋友们不同，你喜欢另类的服装，喜欢在一群人中凸显出自己。

星座秘密：你不太擅长尊重规则，团队精神也不强。

双鱼座（2 月 20 日—3 月 20 日）

你有一种可怕的预知未来的能力。你喜欢有创造性的事情，如画画、写作等。

星座秘密：有时候你会夸大事实，这一点大家都知道。

如何才能交到新朋友

想把自己介绍给一个新的群体，最后一刻却临阵逃脱，你是否有过这样的经历？有些人害怕交新朋友。看看下面这些小贴士，学会给人留下美好的第一印象，说不定还能认识值得交往一生的好友呢。

倾听。在接近一个新的群体之前，先仔细听听他们在聊些什么，关于他们所说的话题，稍做准备，自己也可以聊一些有趣的内容。如果他们在讨论最爱的球类运动，那就想一想，你在假期新学的某项游戏或比赛。然后走过去，跟他们说一说，甚至可以演示一下，告诉他们怎么玩。

提问。人们喜欢被他人提问，这说明对方对自己很感兴趣。尽量不要提问一些只需用“是”或“否”回答的问题，这样不利于打开话题。“所以，你很喜欢骑马是吗？”不要这么提问，

相反，“关于骑马，你最喜欢什么？”就很好。

想些有趣的点子。如果能让大家觉得你有很多金点子，那他们肯定愿意和你交朋友。比如，建议大家在当地公园进行一场有赞助的滑板比赛，弄清楚有没有人在组织秘密社团（具体参考“成立秘密社团”），等等。

多些赞美。要想开始对话，可以试着赞美他人，听到赞美，大家总是会美滋滋的。为什么不告诉她，你很喜欢她的T恤，问问她是从哪儿买的？不过，赞美也要适可而止，太多赞美就会让人觉得你不够诚实。

接受邀请。如果有人邀请你去某地，即使需要尝试平时没有做过的事情，也要答应。这样很可能你会交到一群新朋友。比如，有人邀请你一起去电影院，即使电影并非是你喜欢的，也可以尝试答应对方。

如何给未来留些秘密

做个小箱子，里面装满自己的秘密，留给多年后的某个人去发现，怎么样？这就是“时间囊”，制作方法如下。

你需要用到以下物品：

- 一只大罐子，或者饼干盒、塑料质地的厨房储物盒都可以——但一定要有盖子。
- 封口胶纸、水性漆和刷子、钢笔。
- 留到未来的一些个人信息（具体包含哪些请往下看）。

1 用花朵、星星或其他你喜欢的装饰品给时间囊做装饰。在盖子上用马克笔写下“2050 年再打开”。（具体时间可以自己定）

2 让装饰一新的时间囊干透。

3 仔细想一想你准备在时间囊里放哪些信息？未来发现时间囊的那个人通过这些信息可以了解什么？以下这些都是不错的选择：报纸上的大标题，记录现在世界上发生的事情；你和朋友的照片；你最喜欢的电影及影星的图片；从杂志上剪下的自己最爱的服装款式；写给未来的信——信中要写出你是谁，你现在的生活是什么样子……

4 合上时间囊，用封口胶纸或强力胶密封。

将宝贝盒子藏起来

将宝贝盒子藏起来，在接下来的很多年都不会被发现才行。比如，在花坛里挖个洞埋起来，或者藏在几乎不用的衣橱的最里面。也可以问问老师，全班同学是否可以一起做个时间囊，埋在学校的某个角落。

注意：在花园里挖洞之前，一定要先征得父母的同意。

“X”表示时间囊的位置

将时间囊藏起来之后，你需要做一份地图，以方便未来的时间囊发现者知道具体位置。

- 画一张你家花园或者房子的草图，想象着有人从空中俯瞰你们家，按照这个方式画下来。
- 在地图一侧写出以后可能还在的地标符号，例如大树、池塘等。如果是室内，要标清楚窗子和门的位置。在藏时间囊的地方用大大的“X”号标记。
- 为防止你做的地理标记未来有变，在地图的一角画出东西南北方向标，指示地图的方向。
- 将地图放在安全位置，一定不要被看到。比如，你可以将时间囊埋在花园里，地图藏在阁楼上、塞在床后，或者藏在楼梯下的橱柜里。

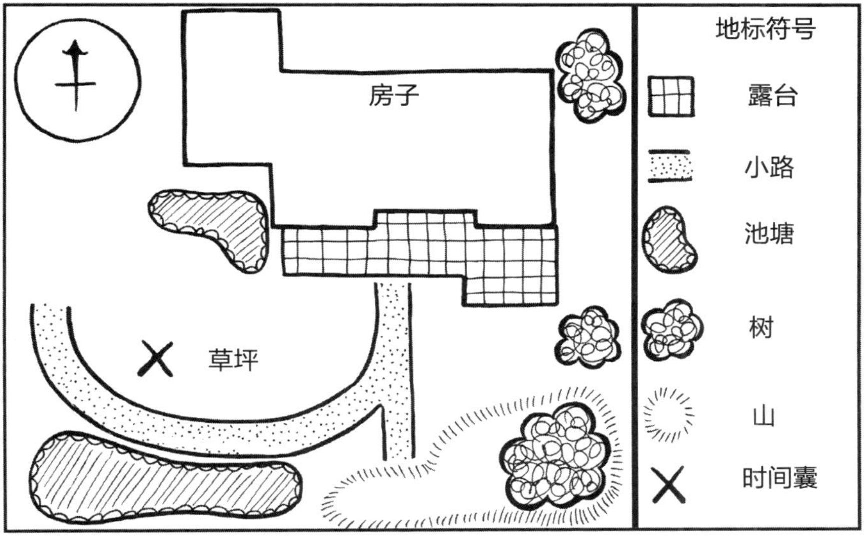

如何在争论中获胜

要想在争论中获胜，除了保持冷静外，还要注意以下几点：

了解争论的内容。科学事实是在争论中以智取胜的法宝，争论时，要把科学事实当武器。比如，早餐你想吃巧克力，那就解释一下，研究已经发现，巧克力有助于提升体内血清素的水平，血清素有利于使人们保持愉快心情。让妈妈相信，周一的早晨吃些巧克力不错。

补充“弹药”。如果你感觉在争论中有些吃力，那就假装需要去卫生间，暂时离开，然后迅速从互联网上收集信息，或者打电话向朋友求助。

不要让步。对于对方提的每一点，都要予以回应，简单一句“对，我明白，但我完全不同意你的想法”就可以，这样下去，对方很快就会感觉无趣，让你开口说话了。

无计可施。如果无计可施了，你就保持冷静，说话声音尽量压低，达到耳语的程度，露出一副狰狞的微笑模样。你的对手很快就会被迷惑，然后你说什么他都会点头认可。

如何获取优质的睡眠

遵照下面的小秘诀，你也可以一觉睡到天亮，美梦连连。

睡觉的秘诀

- 如果一整天都坐着，睡前一小时就要进行一些强度不大的运动。和爸爸妈妈一起在小区散散步，或者在卧室做做“跳星星”都可以。
- 睡前不要吃东西，否则，身体忙于消化，很难产生睡意。如果很饿，就吃一根香蕉。香蕉中含有钾，有助于睡眠。
- 洗个热水澡或冲个淋浴。水温不要太高，否则，越洗越清醒。在水中加几滴薰衣草或檀香精油有助于放松身心。
- 躺下之后，尽量清空脑海中的内容。如果担心早晨醒来把第二天要做的事忘了，那就在睡前写在纸上。
- 关灯之前，喝杯柑橘茶或热牛奶，放松自我。
- 卧室要保持凉爽，被子或毯子要柔软舒适。如果需要，可以带上眼罩，挡住所有光线。好了，一切就绪，放松身心，甜甜地睡一觉吧。

如何玩“秘密路线”游戏

如果和朋友在户外一起消磨下午时光，“秘密路线”游戏最适合不过了。为朋友设定好路线，让他们沿路线寻找，最先走到终点的可以获得奖品。

- 选择一处大家都熟知的地标，如公园大门或喷泉，以此作为路线的起点。指明前进的方向，如果不是他们应该走的路，就在路中间堆放一小堆树枝、石子或树叶，让他们明确应该往哪边走。
- 如果他们要走的道路在某处分岔了，就在岔路口用一块小石头压在一块大石头上。如果需要他们往右边岔路走，就在右边放一块小石头；如果需要他们往左边岔路走，就在左边放一块小石头。
- 每隔 20 步左右，在路上用小树枝或石子摆出箭头的形状，确保朋友走的路是正确的。或者在正确的道路旁找一棵树，用粉笔在树上做记号。

- 在路线的终点埋藏奖品的地方，用树枝或石子摆出“X”号，指示路线结束，奖品就在此处。

如何了解自己的感受

学会了解自己的感受是成长的重要组成部分。你越清楚自己为什么会有某种感受，就越能轻松自如地做真实的自己。下面这些莫名其妙的感受，你有没有？弄清楚为什么会有如此种种感受之后，赶紧寻找解决方案吧。

场景 1：过去的一个星期我都和闺蜜在一起，可是，这个星期她突然不理我了，一直跟另一个朋友形影不离。我觉得很生气！

为什么会生气？如果朋友忽视你，却和别人形影不离，这很可能会让你心生嫉妒，感觉受到了伤害。生气也是感觉失望的一个正常反应。

解决方案：和朋友开门见山，谈谈她的行为。问问她你是否做错了什么，自己真的没意识到。如果她没有任何同情心，依然我行我素，并不顾及你的感受，那说明她一开始就不是真正的朋友。

场景 2：我希望自己也能像学校里那群漂亮女生一样，酷劲十足。即使和她们穿着同样的衣服，我还是没有她们好看。我真的想和她们一样。

为什么会羡慕他人？想象着自己要是成为某某人那样，也会受欢迎，一切问题就都迎刃而解了。有这样的想法很正常，可是，你错了！

解决方案：要接纳自己的独特之处。尝试不同于他人的风格，让自己与众不同。甚至可以穿写有“我就是我，我骄傲！”的T恤。和别人趋同不是酷，只是一种顺从。最酷的还是做自己。

场景3：我真的很擅长表演，而且喜欢成为大家关注的焦点。可是，最近我发现戏剧俱乐部的人都不愿意和我一组，也不愿意和我搭档，这是怎么回事？

为什么感觉被冷落？如果你总想占据焦点的位置，时间长了，其他人可能会很烦、很沮丧，自然就不愿意和你一起工作了。

解决方案：有所擅长，在某方面有兴趣、有天赋当然很好，但是，也要保证同一组的其他人有机会参与其中。即使你最外向，最优秀，大家也应该轮流成为他人关注的焦点。

如何做一块颜色暗语蛋糕

为朋友做一份蛋糕最能表达朋友在你心中多么重要。参考“做个颜色暗语表吧”，了解不同颜色代表的含义，从中选出 3 种颜色用于制作蛋糕上的糖衣。下面的食材分量可以做出 9 块蛋糕，特别适合举办派对或邀请闺蜜们前来过夜。

你需要用到以下物品：

工具：1 只长方形的蛋糕盒、防油纸、2 只搅拌碗（1 只大号，1 只中号）、木制勺子、调色刀、网架、切菜板、3 只小碗。

蛋糕配料：黄油 250 克、精白砂糖 250 克、自发面粉 250 克、鸡蛋 4 枚。

含有颜色暗语信息的糖衣配料：黄油 100 克、糖霜 200 克、牛奶 4 茶匙、3 种不同颜色的食物着色剂。

制作蛋糕

1 烤箱预热至 180 摄氏度（即 350 华氏度，刻度调至 4）。

2 在蛋糕盒里铺防油纸。

3 在较大的深平底锅或者微波炉里将黄油融化。

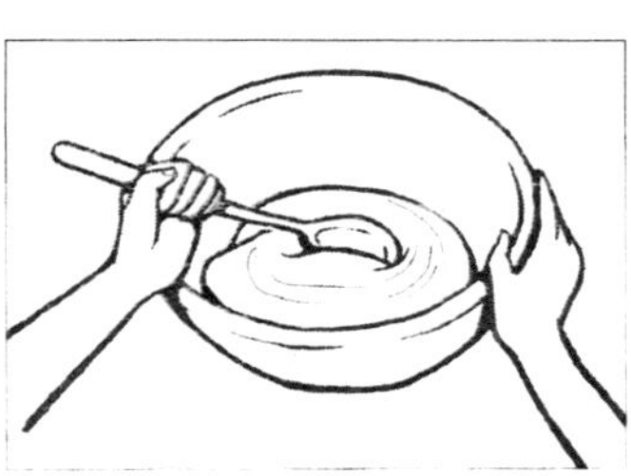

4 将所有蛋糕配料放在较大的搅拌碗里，用木制勺子打匀。

5 将混合好的配料倒入蛋糕盒，用勺背将表面抹平。

6 放入烤箱，烤 30 分钟，直到蛋糕变成金黄色并充分发起。

注意：使用烤箱时一定要让家长帮忙，一定要戴烤箱专用手套。

7 将蛋糕从烤箱中端出，让其冷却。

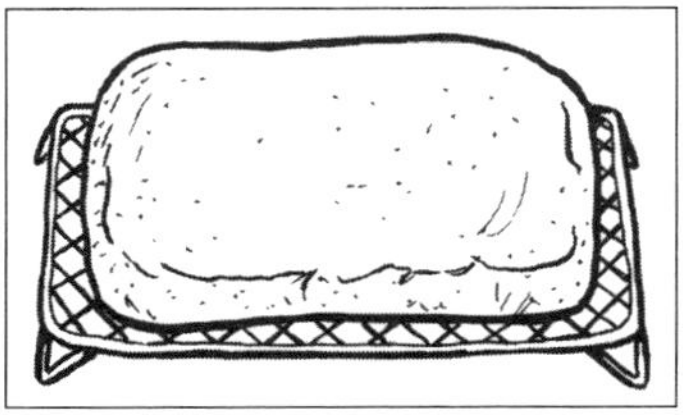

8 用调色刀轻轻挑动蛋糕边缘，移至网架上，等其充分冷却后，揭掉防油纸。

制作糖衣

9 开始制作糖衣，先把黄油、糖霜、牛奶在中号搅拌碗中打散，打至均匀的糊状。如果有需要，加几滴水，使其容易延展。

10 将混合好的配料分开，倒入三只小碗。每只小碗中加入一种颜色的食物着色剂。

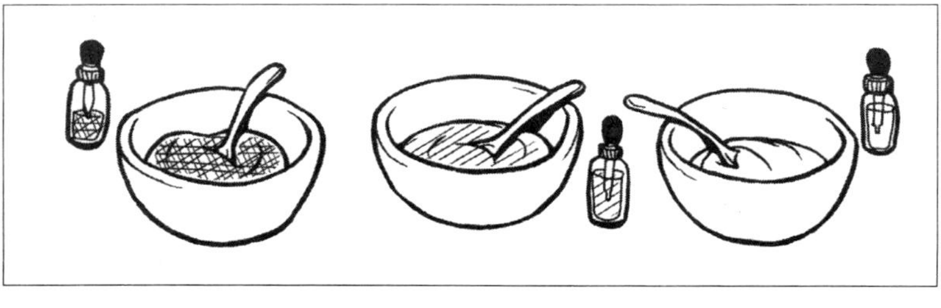

11 把蛋糕放在切菜板上，切成三份，每一份涂抹一种颜色的糖衣配料。

12 将每一份涂抹好的蛋糕继续切分成三小份。

现在就可以给不同朋友选择不同颜色的蛋糕了——看到你为她们挑选的颜色，她们就知道自己在你心里的位置了。下面是几条小建议：

蓝色糖衣：你让我感觉很平静，很放松。和你在一起，我可以做真实的自己。

红色糖衣：你是我最好的朋友，我对你无话不说。

黄色糖衣：你能让我开怀大笑！和你在一起，我特别开心。

如何对付校园“小混混”

如果在学校里有人羞辱你、拿你开玩笑、大声辱骂你或散布你的谣言，这样的人就是校园“小混混”。你意识到有人欺负你，要立刻采取行动。

不要以牙还牙

如果你被欺负了，可能会忍不住找机会报仇，也当众羞辱对方。其实，这样只会让情况更糟糕。如果对方有挑衅、威胁的行为，你直接走开，直奔人多且安全的地方。千万不要动粗、诉诸暴力解决问题。

立刻采取行动

“小混混”往往都是胆小鬼，她们只会欺负弱小，认为对方不敢反抗。因此，立刻采取行动，证明对方看错了。把对方对你的所作所为全都写下来，保留其恶劣行为的证据，然后找成年人，一五一十地向其反映发生的事情。咨询一下自己应该怎么处理这种情况。向成年人求助没什么好害羞的，这才是明智之举。

有勇有谋

对付“恶霸”行为，最好的策略就是完全忽视对方，继续自己的生活。如果对方发现根本无法惹恼你，她就会觉得没意思，不再挑事了。

如何玩个小把戏

下面介绍两个小把戏，在朋友或家人面前展示一番，一定很酷。当然，千万不要把背后的秘密透露出去。

不用手

在装有水的玻璃杯里放入冰块。让朋友挑战一下是否可以不触碰冰块就能将其取出来，工具只有一根线和一些盐。怎么样，她不行吧？

该你上场了。只要把线放在冰块中间，然后撒些盐，大约过1分钟，线就会粘在冰块上，扯住线的一端，就可以轻松将冰块取出来了。

抓住一取出

在大碗中将500克的玉米淀粉和100毫升的水混合。将一枚硬币投到碗底。让朋友挑战一下是否可以在一分钟之内找到硬币。如果她赢了，硬币就归她了。

她肯定会忙着在碗里抓来抓去，可是，越抓越黏，最后手根本没办法迅速活动。这是因为，快速搅动时碗中神奇的混合物就会凝结成固体。

该你上场了。将手伸到混合物中，慢慢移动，寻找硬币，怎么样，很快就抓到硬币了！

如何判断她有没有说谎

如果你怀疑对方没有说实话，尝试下面这些小技巧，就可以将对方识破了。偷偷测试一下，看看对方有没有说谎。

测试 1：完全转换话题。如果对方看上去明显松了一口气，那就说明她肯定在隐瞒什么。

测试 2：为了掩饰真相，不被对方发现，说谎者在说谎时往往比平时更爱微笑——注意了，对方的微笑是发自内心的还是伪装的？真正的微笑会从眼睛里流露出来，因此，眼睛周围的皮肤会微皱，眼睛也会眯起来，而假笑只是动动嘴巴。

测试 3：如果你怀疑朋友在说谎，不要直接发问，鼓励她别拘束，想说什么就说什么。她说得越多，就越容易暴露，事实也就会浮出水面。

测试 4：不自觉地用手摸脸，摸鼻子，抚下巴，这些都是说谎者容易做出的动作。说谎的人可能会更多地和你对视，以此让你相信他们很诚实。

测试 5：想想对方平时是什么样儿，如果她突然显得神经质，或借故离开，那就说明她可能没说实话。

注意：如果没有十足的把握，千万不要指责对方说谎，这样做只会让她很恼火，失去对你的信任。

如何应对窘态

出现窘态的话，聪明女孩一定要有秘密策略及时应对，确保自己不失态！

撞衫了，怎么办？开个玩笑，一笑而过。走上前去，对她说：

“嘿，看来今天派对上咱们俩的品位并列第一呀！”

裙子被掖住了怎么办？别慌张，说不定根本没人看到呢。如果真的被他人看到了，微微一笑，耸耸肩，然后换个话题就好了。如果大家发现你根本不在意，他们也就懒得取笑你了。

说错话了怎么办？这要归咎于不知情就妄加评论。举个例子，你刚说了“我真的很讨厌猫”，就有人接茬儿，“可我养猫了”，这个时候，一定要补救，可以这么说：“抱歉啊，我完全不知道。我敢说，看到你养的猫，我会很喜欢的！”对方会觉得你很有趣，完全忘掉你刚才的小口误。

如何让他人感觉舒适

如果和你相处感觉很放松，那大家肯定愿意花更多时间和你为伴。学学下面几招，让他人因你而轻松自如吧。

要在意朋友的感受。如果朋友看上去郁郁寡欢，不怎么说话，那她很可能是心情不好，所以，就不要喊她四处疯跑了。问问她，是否愿意跟你诉说心里的问题。如果她不愿意，那就喊她一起看场搞笑电影，让她放松一下。

练习开放式的肢体语言。多用友好的肢体语言，他人会倍感舒适。比如，双手掌心向上，摊开，以示自己诚实可靠。模仿对方的手部动作，也会让其感觉你喜欢他们。具体参考“肢体语言你懂吗”一节，了解肢体语言背后的秘密信息。

肢体接触。和对方聊天的时候，可以偶尔轻轻碰一碰对方的胳膊、肩膀或手，这会让对方感觉很轻松。

使用对方的名字。如果一句话讲完，加上对方的名字，她就会感觉你对她感兴趣，在乎她的感受。这也说明你在以一种直接、随意的方式与其聊天。当然了，使用对方的名字也要适度，否则，听上去会很怪！

如何制作秘密小口袋

用秘密口袋藏东西再好不过了，秘密信息、秘钥、午餐费都可以藏入其中。按照下面的方法做个秘密口袋，随身携带小秘密吧。

你需要用到以下物品：

- 一双完好无损的短袜。
- 一双穿破了的旧短袜、两双短袜颜色要相同。
- 和袜子相同颜色的线、针、别针若干、裁缝剪刀、尺子。

1 取没有穿破的短袜，将其中一只平铺在地板上，量出袜桩的宽度。

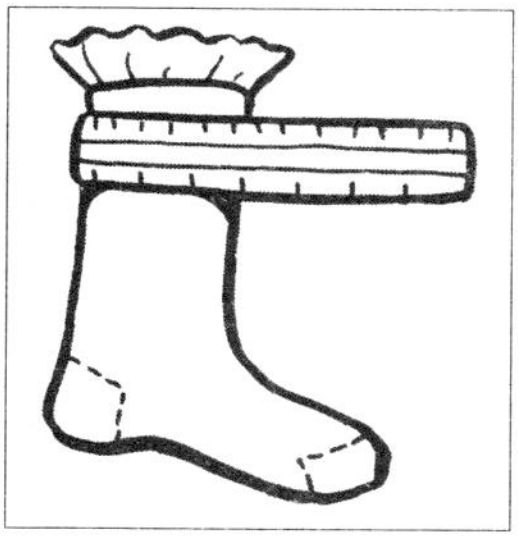

2 从旧短袜上剪下一块布，宽度与第一只的袜桩相同，高度为 5 厘米。

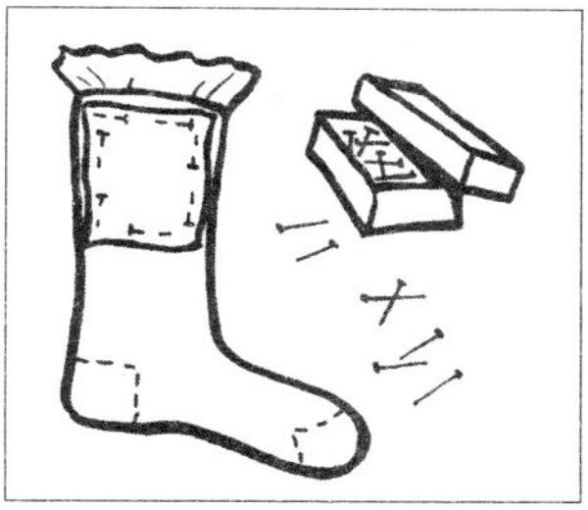

3 把袜子的里面翻过来，平铺在地板上。

4 将剪好的那块布别在袜子上，确保别针没有穿透袜子

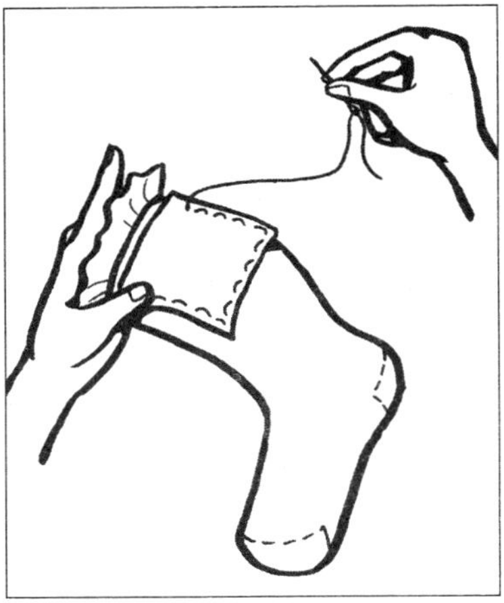

的另一面。

5 用针线围绕布块的四周，将底边和两个侧边全都缝好，顶端不缝，作为秘密口袋的开口。

注意，不要一不留神，把袜子的另一面缝在一起。

GOOD **小诀窍：**针脚要小、要密，这样走路的时候放在口袋里的东西才不会漏出来。

6 缝好后将线打双结，以免穿的时候，布块脱落。

7 将袜子翻过来，穿上脚。好了，伸手摸摸里面，把小秘密藏进去吧。

如何玩转别样的“真心话大冒险”游戏

玩“真心话大冒险”游戏可以更好地了解朋友，还可以知道她们死死守护的秘密。不过，要准备好，小心自己说漏嘴……

你需要用到以下物品：

- 一只干净的空玻璃瓶。
- 一支笔、若干张纸。

具体玩法

1 至少三人参与。和朋友围坐成一个圈，把瓶子侧着放在圆圈正中心的地面上。

2 由一个人转瓶子。

3 瓶子停下来，瓶口指向的那个人就要说秘密了，而且她必须说三个秘密，当然，其中只有一个是真的。然后她把真正的秘密写在纸上，藏起来，不让其他人看。

比如，她可能这么说：

“有一次我忘了换鞋，直接穿着拖鞋去上学了。”

“爸爸妈妈给我起名叫‘格特鲁德’，可上学后我自己改了个名字。”

“有一次我给小狗喂了冰激凌，结果它生病了。”

4 其他人开始猜哪个秘密是真的。大家可以一起讨论，说出自己的想法，但最后要达成一致意见。如果没猜对，透露秘密的人就不必告诉大家哪个是真的，如果猜对了，她必须把那张纸拿出来，证明大家猜对了，然后二选一——要么再说一个真的秘密，要么接受惩罚。下面这些惩罚措施都不错，可以让她试试看：

让她把所有衣服倒着穿，然后在小区里走 5 分钟；做个傻帽发型，当天晚上不许改回去；接下来的 10 分钟不许说话……

5 透露秘密者透露新的秘密或接受惩罚之后，由她来转动瓶子，寻找新的秘密透露者。

如何学会读心术

向朋友秀几招读心术，一定会给她们留下深刻印象，你的能力也会让她们惊讶不已。当然不需要什么超自然的能力，明白真相后你会感觉很简单，只是不要透露其中的秘密。

丢名字——猜名字

把朋友聚到一起，让她们每人想出一个名人，然后说出自己想到的名人。比如，其中一个朋友说，“大卫·贝克汉姆”。将这个名字写下来，丢进帽子里。

现在大家依次说出她们想到的名人的名字。假装把这些名字一一写在不同的纸上，然后丢进帽子里。注意，这个时候你并没有真正把每个名字都写下来，而只是重复写下了第一个朋友说出的名字（大卫·贝克汉姆）。

现在让一个朋友从帽子里抽出一张纸条，告诉她不要跟你说纸条上写的名字是什么。

抬起头，假装陷入了深思。然后告诉大家你可以预测出朋友手中那张纸上的名字。在一张较大的卡片上写下最初的那个名字（大卫·贝克汉姆），然后给大家看，让大家都看到。这个时候，让抽纸条的那个朋友把她手中的名字给大家看。好了，朋友们发现你猜对了，肯定一个个满脸惊讶。

这个小把戏只玩一遍就可以了，而且结束后一定要记得把纸条都撕碎，这样才能守住其中的秘密。

猜一猜——指出来

这个小把戏需要一个知情者当作你的助手配合一下。依然需要把朋友聚到你的卧室，告诉她们你会出去，然后让她们每人从卧室里选择一种物品。等你回来后，就可以猜出她们选的是哪些物品。

先离开卧室，等她们喊你的时候再进去，你的助手会指向卧室里的不同物品，问你是不是她们选择的。一一猜对，小伙伴们一定惊讶极了。

这个小把戏的秘密其实很简单。你的助手在指向她们所选的物品之前，会指向一个有腿的物品，如椅子、桌子、人等，这样你就知道下一个就是她们所选的物品了。

如何筹备惊喜派对

为朋友的生日策划一个惊喜派对，当她发现你为她做的一切时，看看她的表情，你就会觉得，一切忙碌都值了。看看下面的小贴士，策划一场完美的惊喜派对，将惊喜分毫不差地送给朋友吧。

倒计时

四周前。给派对定个主题，例如“海底世界”或“秘密旅行”等。或者根据好朋友名字的第一个字母，组成表示不同身份的词，按照这些身份着装。例如，好朋友叫“菲利帕”，那么派对的主题就是字母“P”，大家可以扮演公主、警察、企鹅、画家等。

然后发出请帖，千万别忘了将“惊喜派对”用大大的字写清楚。

让好朋友的爸爸妈妈帮个忙——请他们告诉她，在她生日当晚他们会带她出去。这样好朋友就不会怀疑了。

两周前。准备音乐。在电脑或者其他播放设备上做好播放列表。将适合派对主题的音乐集中起来，如果派对主题是“20世纪90年代怀旧风”，那就选择代表那个年代风格的音乐。

选出将要过生日的好朋友的一些照片——这个也可以请她的爸爸妈妈来帮忙。将照片放大，打印出来，或者用复印机直接放大。

派对前一天。准备派对食物。依然要考虑派对的主题。如果主题是“亮黄色”，为什么不选薯片、玉米棒、菠萝圈、柠檬蛋糕、柠檬汁以及香蕉奶昔之类的食物？

派对当天。装饰一下举办派对的房间。把放大的照片贴在墙上。如果是“海底世界”主题，就把灯泡换成蓝色的，制造海底世界的效果，这一步要找成年人帮忙。然后在墙上悬挂起蓝色和绿色的床单，桌子上、架子上摆放一些贝壳，甚至可以把浴盆放满水，里面放一些塑料小鱼。

离派对还有一小时。过生日的好朋友肯定准备好跟着爸爸妈妈出去大吃一餐了。安排她的爸爸妈妈在一个特定的时间点把她带到你家，假装要将你带上一起去吃饭。把其他朋友都聚在屋子里，关灯。过生日的朋友敲门时，去开门，假装你忘了拿东西，然后喊她一起进来。把她带到举办派对的房间，开灯，1——2——3——“惊喜！”

如何用传统暗语交流

在过去，男人和女人是不允许在公开场合相互说话的。人们因此特地发明了暗语，允许他们用这种方式交流。

下面就是现代版的传统暗语，你可以用这个偷偷和暗恋对象交流，当然，用这个和闺蜜交流也没问题。

花 语

按照传统，作为礼物，不同的花表达的意义也不同。下面是最新的花语信息，学习一下吧。

- 一朵玫瑰的花语是真爱。
- 一束精选的金凤花的花语是“我心情不好的时候，你总能让我振作起来”。
- 粉色康乃馨的花语是“我永远都不会忘记你”。
- 常春藤表示你会永远忠诚。
- 黄色玫瑰表示你有些妒忌。
- 葵花的花语是“我希望你所有美梦都成真”。
- 圣诞时，一枝带有白色浆果的槲寄生代表“请吻我一下吧”，这个大家肯定都知道。

扇子的秘密

在维多利亚时代，对女士们来说，手持精美的扇子并不是用来扇风乘凉的，而是传递信息的工具，扇子的位置不同，传递的秘密信息也不同。

不妨将这一近代的扇子语言改进一下，用钢笔取代扇子试试看：

- 在面前用手指迅速转笔，意思是“我喜欢的人刚刚进了屋”。
- 用笔轻抚下巴，意思是“我现在不喜欢他了”。
- 用笔的一端轻敲手掌，意思是“找个理由到外面去，我想和你说说话”。
- 用笔轻敲桌子，意思是“小心哦，你说漏嘴了，赶紧住口”。

和朋友一起发明更多的暗语，大家一起使用吧。

如何做个功课出色的好学生

聪明女生总有功课出色的秘诀。看看下面这些小贴士，记住要做什么，不要做什么，争取下个月也成为班里的尖子生。

要吃益脑食品，如鱼、蛋类、沙拉、奶酪及豆类。早晨一碗粥或一份谷物，可以给身体提供充足的能量，让大脑高速运转。

不要一边看电视节目一边做作业，做作业一定要安静，这样才能集中注意力。一放学就做作业，这样当天学习的知识才能记得更清楚。

要调查研究。如果你对某个课题尤为感兴趣，那就在课后做些调查研究。比如，你喜欢外太空，那就去图书馆，找些天文学方面的书籍，报纸上关于行星的知识也可以剪下来。

不要早晨才收拾书包，这样容易落下需要的东西。要在头一天晚上就把第二天需要的东西准备好。井井有条才会开启顺利的一天，这样的话，到学校也会很早，自然就有充分的时间让自己平静下来，为这一天的学习做好准备。

一定要让朋友或家人帮自己测试一下学过的知识。这样更容易记住所学内容，不懂之处也会浮出水面。